目录

MU
LU

不负时光，不负梦想

陈实　王慧红　著

江西人民出版社
Jiangxi People's Publishing House
全国百佳出版社

图书在版编目（CIP）数据

不负时光，不负梦想/陈实，王慧红著. -- 南昌：

江西人民出版社，2018.5

ISBN 978-7-210-10223-6

Ⅰ.①不… Ⅱ.①陈… ②王… Ⅲ.①成功心理—青

年读物 Ⅳ.①B848.4-49

中国版本图书馆CIP数据核字（2018）第034256号

不负时光，不负梦想

陈实　王慧红／著

责任编辑／冯雪松

出版发行／江西人民出版社

印刷／保定市西城胶印有限公司

版次／2018年5月第1版

2018年5月第1次印刷

880毫米×1280毫米　1/32　7印张

字数／133千字

ISBN 978-7-210-10223-6

定价／29.00元

赣版权登字-01-2018-115

如有质量问题，请寄回印厂调换。联系电话：010-64926437

前言

QIAN YAN

"你怎么过一天，就怎么过一生"，作为2017年豆瓣日历的开启语，不由得让人眼前一亮。

常听身边的朋友念叨，日子过得太快，自己年初的计划还没开始呢，怎么一年就已经过去四分之三了？时间都去哪儿了？它隐藏在我们吃饭、上班、睡觉、打游戏、闲逛、泡吧、刷手机等诸如此类稀松平常的事情中。它从不打招呼，就那么悄无声息地走了、离开了。

我们大多数人都很平凡，每天的生活也基本大同小异，随着生活节奏的加快，大家都是一副行色匆匆的模样，可人生犹如死水深潭，并没有太多波澜。于是，我们开始焦虑自己何时才能改变命运，抑郁自己怀才不遇、明珠蒙尘。

为什么有些人好像很轻松就过上了自己想要的生活，而你始终一副命运多舛、时运不济的样子？

是金子总会发光。如果你的光芒还不足以被别人看到，那只能说明你还不够璀璨。如果你不是只是看起来很努力，那就是方向不对，找准目标远比努力工作更重要。除此之外，你有没有细心观察过身边那些比你优秀、比你耀眼的职场精英们，他们的时间通常都用在哪里呢？

只要认真留意，就会发现他们的成功远不像你想象得那么轻而易举。他们勤奋，努力，认真，有担当，敢作敢为；举止得体，言之有物，说话到位；做事既能分清主次，又能够提前安排，争取把与之相关的一切料理妥当；思维缜密，遇到问题，既不躲，也不怕，而是迎难而上，积极去解决；还有他们不仅善于沟通，还非常懂得倾听的艺术。

人的一生难免会遇到各种各样的问题，如人际关系紧张、晋升失败、夫妻失和、经济拮据、亲人离世等，这些问题一旦出现，就会影响我们的心情，随之而来的，就是焦虑、紧张、抑郁、恐惧、愤怒、嫉妒等负面情绪。如果这些情绪处理不好，不仅会影响我们的身心健康，也会伤害周围的人，甚至造成难以弥补的后果。所以，当你不开心时，可以哭，可以闹，但绝不能放任坏情绪一路向前。

勤奋让你距离成功更进一步。在一次书友会上，有人虚心向鲁迅先生求教，问他何以能在文学上取得如此巨大的成就，是不是有什么不为人知的秘诀？鲁迅先生说："我不过是把别人拿来喝咖啡的时间用来读书、写字罢了。"这固然是先生的谦辞，但他的成功与勤奋是绝对脱不了关系的。大多数人一生碌碌无为却还以为自己平凡可贵。他们不是缺乏行动力，就是"重度拖延症患者"。无论什么时候，他们总能找到借口来安慰自己：这么重要的事，总得好好规划一下，还是等一切准备妥当再说吧；马上该放假了，还是等假期结束再开始吧；今天好累，还是打会儿游戏消遣一下吧；看这些书有什么用，还不如刷会儿手机有趣……久而久之，你不仅失去了学习的习惯，也距离自己的梦想越来越遥远。

　　所以，不要过段时间就在朋友圈发一些"要减肥，要努力，要奋斗"诸如此类的话语；如果你真的明白了时间的意义，何不静下心来把生命中的每一天都当做人生的最后一天来过？别一边懒散懈怠，一边无所作为。很多事情，就是即刻、马上要去改变的，因为如果你今天不做，多半明天也做不了。今天不改的坏习惯，明天也很难改。这话听起来很残酷，但无数实践证明：时光不负，终有回甘。你浑浑噩噩每一天，人生就回报你混沌；你积极进取每一天，人生就回报你辉煌。

　　千万别把这本书当成是说教，那完全违背了写作的本意。只希望你读完这本书，可以想清楚，你到底想成为什么样的人，或是想要什么样的生活。如果能帮你摆脱困境，战胜挫折，从颓废走向清醒，那可真是天大的意外之喜呢。

　　愿你过上想要的生活。

　　愿你一生所追寻的，都源于热爱。

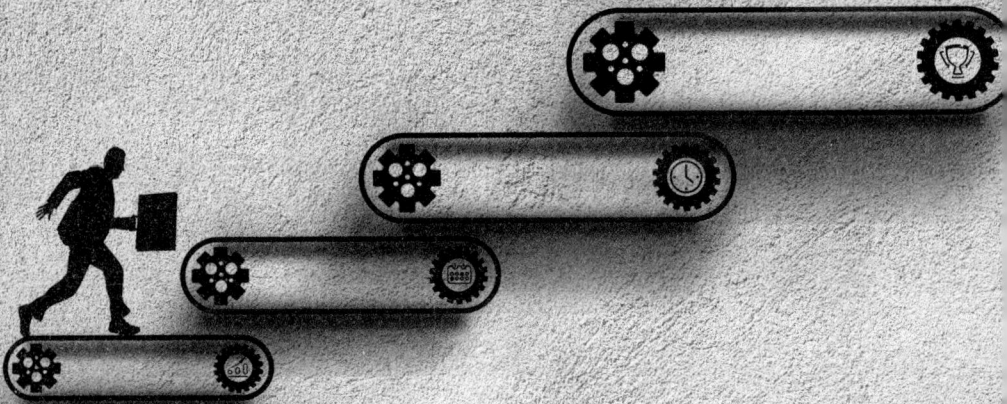

第一章

鞭策自己：每一天都确立一个小目标

目标对人生的意义，犹如空气和水对人的生命一样，没有空气和水，人是无法生存的；同样的，没有目标，人永远无法获得成功。制定目标，既是给自己一个努力的方向，也是对自己的鞭策。

人生无目标，等于没方向

如果轮船在大海中迷失了方向，就会一直在海上打转，始终无法抵达目的地。而一个人如果没有明确的目标以及实现这些目标的明确计划，那不管他如何努力工作，都不可能得到自己想要的结果。

然而，生活中没有明确目标的人比比皆是。很多人都是在茫然的情况下，犹如无头苍蝇般不知道自己到底该做什么。可是为了生存，或是某种原因，又不得不接受某种教育，或是随便找一个工作，然后开始千篇一律的生活。久而久之，往往到了三四十岁，事业还是没什么太大的进展，有的甚至还在为找不到合适的工作而烦恼。于是不由得哀叹，命运何以不眷顾自己，为什么自己的人生总是那么不如意？

事实上，命运的缰绳从来都掌握在自己手中，就看你想不想抓住，要不要抓牢。

　　显然，你要做的第一步，必须先确定自己想干什么，然后再制定切实可行的计划，一步步为之奋斗，才有可能达成自己的理想。在此之前，你还需要思考自己想成为什么样的人，然后竭尽全力把自己塑造成那样的有用之才。如果你连这些都不知道，也不想做出什么改变，那就别怪命运不曾垂青你了。

　　18世纪著名的物理学家和政治家富兰克林在他的自传中说道："我总认为一个能力很一般的人，如果有个好计划，是会大有作为的。"

　　阿里巴巴创始人马云也曾经公开表示："梦想还是要有的，万一实现了呢？"

　　贸易巨子J·C.宾尼说："一个心中有目标的普通职员，会成为创造历史的人；一个心中没有目标的职员，只能是个平凡的职员。"

　　他们的言论未必适用于每个人，但其中的鼓励和信念，足以令人钦佩。几乎所有的成功人士都不约而同提到了"计划""梦想""目标"诸如此类的词，可见这些词的意义对一个人的影响有多大。

　　由此可知，人生无目标，犹如没方向。没有目标，就无法自我鞭策，继而很难改变固有的生活模式。

　　有位医生对活到百岁以上的老人做过一个调查，通过研究，他惊奇地发现，这些老寿星的共同特点竟然不是什么特别的饮食或运动，而是对未来人生的态度——他们都有自己的人生目标。当然，并不是有了目标一定能让你活到一百岁，但绝对可以增加你成功的机会。

不过，现实中还有一种情况，很多明明已经很努力却还是生活不如意的人，这是因为他们混淆了工作本身和工作成果之间的区别。也就是说，他们忽略了目标导向，以为加班加点，不怕苦不怕累，就一定能实现自己的目标，但你若问他对自己想要的生活有没有清晰的规划，他们的回答常常很笼统。比如一个刚毕业的小伙子十年后的目标是"娶妻生子，有自己的房子、车子"，可你要问他想好怎么实现这些目标了吗？十有八九，他会用很茫然的眼神看着你，然后摇头说"不知道"。像这样的人，即使超负荷工作到吐血，那也只是单调的机械重复，对他的人生并不会有什么太大的改变。

目标就像一个看得见的靶心，可能你很难一击即中，但随着技巧和次数的增加，下次试炼的时候，只要距离靶心近一点，再近一点，你就会很成就感。而且，目标不仅仅是促使人努力的依据，也是对人的鞭策。当然，目标必须是具体可行的。如果目标只是"假大空"，实际操作性又太难，那就会降低你的积极性，遇到挫折时，你很容易会泄气，继而撂挑子甩手不干。

或许你要说，做人不是应该脚踏实地吗？我们为什么非得给自己设定一个目标，万一实现不了，那不是给自己加上的沉重枷锁吗？

做人如果没梦想，跟咸鱼有什么分别！即使你所设定的目标实现不了，但一旦目标确定就会有所成就，虽然有可能完不成100%，但有可能完成50%，而如果没有目标，有可能50%也完成不了，这就如同李嘉诚挂在办公室的唯一一幅对联，也是他的座右铭上所说"发上等愿，结中等缘，享下等福。择高处立，寻平处住，向宽处行"的道理是一样的。

另外，人一旦有了目标，思维方式和生活方式就会渐渐发生改变。以往总是陷在日常琐事里拔不出来的人，就像突然插上了翅膀，知道自己最重要的是飞翔，其次才是观赏沿途的风景。

虽然实现目标是将来的事，但我们只有把握好现在，集中精力于当前的工作，才能让现在的种种努力为那个远大的目标添砖加瓦，相反，你若是担心害怕，目标将来实现不了，而停滞不前，那么可能真的就会实现不了，正如希拉尔·贝洛克所说："当你做将来的梦或是为过去而后悔时，你唯一拥有的现在却从你手中溜走了。"但是你只要去做，一步步实现小目标，相信那个重大目标不久也会实现的。

不积跬步，无以至千里；不积小流，无以成江海。

只要设定了目标，明确了前进的方向，即使前路荆棘密布，我们也会心存希望，让自己的将来有无限的可能。

不要被他人的三观所左右

　　人是群居动物，具有社会属性。在生活中，很少有人能做到百分百的自我，难免在意别人对自己的看法，所以，为了给别人留下好印象，我们总是事事都要争取做到最好，时时都提醒自己千万不要犯错。于是，在这种心理暗示下，我们常常把自己推到一个永不停歇的痛苦的人生轨道上。

　　可是，如果我们追求的幸福要全部参照他人认可的模式的话，那我们的一生都会悲惨地活在他人的价值观里。这时不妨扪心自问，他们想要的，也正是你想要的吗？

　　人生在世，我们未必要处处高人一等，更不能把自己生活的重心全然寄托在他人身上。有人说，人终其一生追求的不过是自我价值的实现。在实现自我价值的过程中，人会受到来自四面八方的信息反馈，如鼓励、质疑、信任、尊重、轻视、冷漠……期间种种感受不断交织，反而更容易让人无所适从，丧失自我。其实一个人能否实现自我，并不在于他比别人有多优秀，而是看他所做的一切是否出自本心，是否在精神上得到了自我满足。只要你因为自己的努力，感受到了快乐，那即使做得不够好或是不成功，又有什么关系呢？不要被他人的价值观所左右，你就是你，世间独一而无的你。

有一天，玛丽正在画画，她九岁的儿子走了过来。他看了一会儿，说："妈妈，虽然我不是很懂画，但觉得你画得不怎么样嘛？"

对，若要认真评判起来，玛丽的画的确不怎么样。但凡懂点儿绘画知识的人，都能看出她的作品实在没什么技巧可言。可是，那有什么关系呢？这么多年来，玛丽一直画得很开心，她没有妨碍任何人，也没有强迫任何人必须喜欢她的画。

玛丽也喜欢唱歌和弹琴，当然，这两样的技艺也不是很高超。但她从未因自己做得不够好，感到自卑或深以为耻。相反，她很喜欢这种为自己的兴趣付出心力的感觉。她没有活在他人的价值观里，她觉得自己很棒。

事实上，一个人能拥有一两项才艺已经很难得了，若是做得好，那是意外之喜；若是做得不好，那也不必沮丧。如果你确实希望从别人那里得到认可，那你脑袋里就会想：实现这种目标的最好、最有效的途径是什么呢？在回答自己的这个问题之前，想必你的脑海里已经出现了一个似乎获得了大多数人认可的人。这个人，可能是一个明星，也可能是你的师长或是某一个领域的顶尖人才。总之，他们是你认可甚至仰慕的人。然后你又开始想，这样的人是怎样的呢？他们是如何做事的，他们的个人魅力到底在哪儿？或许你当下脑袋里能想到的，就是他是一个坦率、不磨磨叽叽的人，他是一个固执己见、很难被打动的人，他是一个行为做事不顾及别人感受的人。这样的人，或许真的就是一个实现了自我的人。但是你有没有发现，这种人很少或根本不在意别人对自己的看法？或许在他眼里，任何策略和手段都不如诚实、正直来得重要。所以，他很少有时间去想那些看起来很圆滑的话。

这看起来非常讽刺。似乎得到了最多认可的人，却是这样一个耿直又固执的人。他不为别人而活，也不为别人的价值观所左右。可是这样的人，他得到了自己内心的圆满。

当然，这不是让你照搬他的方式生活。而是向你展示，世界上的确有这样的人存在。

一只小猫在追自己的尾巴嬉戏。猫妈妈看见了，便问它："你为什么要追自己的尾巴呢？"小猫说："因为我听说，对一只猫来说，最好的东西就是幸福。而我的幸福就是我的尾巴，所以我才要追逐它啊。一旦我追到了它，我就拥有幸福了。"猫妈妈说："我的傻孩子，你说的这些，我也曾注意到，而且我的看法也曾经跟你一样。但是，难道你没发现吗？无论你怎么追逐，都没办法抓到它。"

　　猫尾巴自然是不容易被抓到的，但不影响它去追寻自己的幸福。

　　人也一样，成功很难获取，但我们还是不能轻易放弃。我们不能让每个人都认同我们做的每一件事，但只要我们觉得有价值，是为了做一个正直、善良的人，即使别人不认可，又有什么关系呢？我们何必把他人的价值观当标杆，继而随波逐流、人云亦云呢？

　　不要轻易被他人的价值观所左右，父母、亲人、朋友的意见固然重要，但最终拿主意的只能是你自己，别忘了，你才是自己的主人。

你能看多高，就能走多远

东汉王充在《论衡·别通》中说："夫闭户塞意，不高瞻览者，死人之徒也哉。"意思是说，凡是闭塞视听，思想僵化，不能高瞻远瞩博览古今的人，就像死人一样。由此可见，自古以来，高瞻远瞩就意义深远。尤其是如今这个日新月异的现代社会，各种信息瞬息万变，只有具有高瞻远瞩的能力，才能不滞于社会发展的脚步。

所谓的"识时务者为俊杰""良禽择木而栖，贤臣择主而事"，讲的也是做人要有高瞻远瞩的目光，能够对事物的现在和未来的发展趋势做出正确的抉择。一如《三国演义》中的刘备，他原本只是一个小人物，先后投靠过曹操、袁绍、刘表等人，最后却凭借个人能力成为足以与曹操、孙权分庭抗礼的一方霸主。刘备的政治生命之所以波澜起伏，除了与他大丈夫能屈能伸的魄力有关，更离不开他对发展趋势的精准把握。

世界是普遍联系的，又是不断发展的，而高瞻远瞩的处事风格便是这个哲学思想的现实表现。如果我们能对现在的状态和未来的趋势有一个准确的判断，那我们就能高屋建瓴、有的放矢地进行宏观规划，不至于事到临头手忙脚乱。也就是说，我们的目光不能只盯着现在，还要看将来。只有站得高，才能看得远。任何一种产品，一项事业，重要的不是现在怎么样，而是将来它会怎么样，是昙花一现还是经久不衰，全看决策人怎么想、怎么做。

说起温州人，你首先想到的是什么？很多人的第一反应，大多是"温州人特别会做生意""温州的有钱人很多""温州人又精明又能干"诸如此类的，事实也的确如此，温州人大都目光敏锐，对市场判断很精准。

温州有家报社曾经专门做过一项"温州商人是否关心政治"的调查，结果显示：91%的温州商人都关心政治，其中60%的温州商人会因为"某项政策的出台而放弃或者更有信心做某项生意或投资"。如同世界不是缺少美，而是缺少发现美的眼睛，同理，世界上也不缺乏商机，而是缺乏发现商机的眼睛。

2002年1月1日，欧元正式在欧盟各国开始流通，当时的中国报刊上刊登了一张欧元的照片。很多人看到这张照片，无非是觉得自己认识了一种新货币，可是温州人却从这张照片上，看到了无限商机。他们发现，这种新版欧元比欧盟各国以前所用的所有纸币尺寸都要大一点，也就是说，以前恰好合适的皮夹现在有可能会不适合了。于是，大批适合新版欧元大小的皮夹纷纷从温州出口到欧洲，而且迅速占领了当地的皮夹市场。

此时，之前尚未发现这个机遇的人们一边哀叹自己没有高瞻远瞩的眼睛，一边又不得不佩服温州人的商业头脑，他们目光独特，观察入微，能从一点点风吹草动中嗅出商机，因此能在第一时间拔得头筹。

据说有位做得很成功的商人，把看中央新闻联播当成自己每天的必修课。他相信，只有信息才能提供远瞩的基础，继而发现巨大的商机。而无论何时，商人要想把握经济命脉，就必须关注时局，关注政治。他认为，作为商人，可以不看财经报道，可以不看焦点访谈，但国家的政策和市场发展动向不能不关注，因为它会指导你下一步的投资方向。所以，新闻联播被某些中国商人视为投资风向指南针也就不足为奇了。

只有做到了高瞻远瞩，才有可能把握住市场趋势。而只有把握了市场趋势，才能在变化多端的市场上分得一杯羹。虽然市场瞬息万变，难以捉摸，但只要擦亮眼睛，做好预测，就有机会成为经济市场上的佼佼者。

所以，不要光眼羡别人的成功，而自己却固步自封。俗话说，"机会是给准备好的人"，没有预见能力的人，哪怕机会来到你身边，你也抓不住。世间事，不是一味蛮干或是死缠烂打就可以成功的。要成功，除了勤奋和努力，还要有成功者必备的独特目光。

　　人只有看得高，才能走得远。谁有眼光，谁能看清局势的发展，谁就能抢占先机，占领制高点。

布局决定格局，气度决定高度

之前网络上曾经流行一句话"成年人的世界，没有'容易'二字。"相信很多人都深有感触。虽然有些人的成功就像撞大运，突然就志得意满，功成名就了，可是大多人想获得理想的生活是需要脚踏实地，一步步走出来的。

一个人要成功，单纯靠努力是不够的，它需要方方面面的配合。所谓"机会是给准备好的人"，说的也是这个意思。能不能抓住机会，不但需要高瞻远瞩的目光，还需要一个人的决策能力。

决策能力是一个成功人士必备的能力。也就是说，应该用发展、建设性的眼光观察和思考一个人的决策能力，其中包括总揽全局的能力、自我调节的能力、科学决策的能力、综合协调的能力。

　　海尔之所以有今天的成就，与张瑞敏的个人能力有莫大的关系。作为集团的掌舵人，正是因为他在一次次关键时刻做出了果断的决策，所以才促使海尔一步步走到了世界500强的位置。

　　作为一个从基层走出来的领导者，张瑞敏当然深知当时的形式主义的虚假与夸张，所以他立志要改变这一切。他接手的这家青岛日用电器厂是一个年份久远的烂摊子，早年是一个手工业生产合作社，后来过渡成集体性质的合作工厂。在这些年当中，这家工厂生产过电动机、电葫芦、民用吹风机、小台扇等家用小电器。后来，工厂又开始生产一种名为"白鹤"的洗衣机，可是因为外观粗糙，质量低劣，销路一直不好，工厂也一直处于亏损状态。早在张瑞敏接手前，一年之内工厂的党组织已经先后调派了三位厂长，他是第四位。当时他正担任着这家家电公司的副经理，他再不愿意去，那真就没人去了，那工厂也只能宣告破产了。可是，迎接他的，并不是一片欢呼，而是一张张请调报告。很多年后，他回忆说："上班8点钟来，9点钟就走人，10点钟时随便在大院里扔一个手榴弹也炸不死人。到厂里就只有一条烂泥路，下雨必须要用绳子把鞋绑起来，不然就被烂泥拖走了。"

　　古语有云："新官上任三把火。"张瑞敏上任后，宣布的第一个决策就是——退出洗衣机市场转而生产电冰箱。他是12月初报到的，当月就把工厂的牌子更换成了"青岛电冰箱总厂"。他在家电公司当副经理的时候，曾经被派到德国去考察，当地一家叫利勃海尔（Liebherr）的冰箱公司有意愿向中国输出制造技术和设备合同，张瑞敏当机抓住这个机会，向青岛市和北京的轻工部再三要求允许引进利勃海尔的技术。皇天不负有心人，张瑞敏的申请不但被轻工部批准了，还被确定为最后一个定点生产厂。事实证明，张瑞敏的决断是正确的。转产和引进技术的重大意义，很快在这家资不抵债的小工厂显现出来。而张瑞敏作为伟大企业家的魅力是在第二年散发出来的。有一天，一个朋友到他那儿买冰箱，但挑来挑去也没找到满意的，厂里那些冰箱总有这样那样的问题。等朋友走后，张瑞敏把库房里现有的400多台冰箱全都检查了一遍，结果发现有76台冰箱都存在不同程度的问题。面对这种情况，有人提议把这些冰箱以低价处理给职工。把残次品低价格处理是很多生产厂家惯用的"好办法"，大家都认为这样既有益职工又有利企业。但张瑞敏却不这么认为。他下令把这76台冰箱全部销毁，砸成废铁。要知道，当时一台冰箱的价格是800多元，相当于一个职工两年的工资，很多职工砸冰箱时都心疼得流下了眼泪。后来，"张瑞敏砸冰箱"成为这家日后中国最大的家电公司的第一个传奇，它跟几年前鲁冠球把40多万元的残次品当废品卖掉的故事如出一辙。两件事无一不表明出现于商品短缺时期的第一代企业家的自我蜕变正是从质量意识的觉醒开始的。

现代市场竞争瞬息万变，谋略纵横，险象丛生，企业要在群雄角逐中站稳脚跟，立于不败之地，首先要求企业领导者必须具备超凡的运筹能力和决策能力。谁能取得成功，就看谁能在关键时刻做出又快又准的决策。没有决策，公司难以发展，也永远无法改变现状。而要培养正确的决策能力，必须时刻注意不应把眼光完全聚焦于短期效益，忽略各项决策对长期营运的影响。

决策能力不仅体现一个人对信息的分析能力，还有对现实的洞察能力和对未来发展趋势的把握能力。所谓"一着不慎，满盘皆输"，说的正是决策的重要性。决策是一个单位或公司能否持续发展的最为关键的一步，也是一个人能否成功的关键。无论作为一个领导者还是一个普通人，我们的人生道路都离不开决策。关键时刻，一个决策能影响我们的一生。一件事情到底要不要做，什么时候做，怎么做，你都要果断地做出决策。决策晚了，机会就错过了；决策错了，则满盘皆输。所以，想成功，必须拥有正确的决策力。只有拥有正确的决策力，才能在错综复杂的形势面前，瞬间作出判断，快速行动，抓住机遇，赢得胜算和成功。

选择即人生，抉择即命运

　　通往成功的路不止一条，可适合你的或许只有几条，甚至只有一条。一旦你选错了路，不仅会浪费大量宝贵的时间，还会与成功无缘。所以，要想不走弯路，尽快获得成功，就一定要找出最适合自己的那条路。

　　如何找到最适合自己的那条路呢？这就需要你有一定的选择能力。

　　所谓选择能力，就是给自己定位，找准适合自己的道路的能力。在这个错综复杂而又精彩无限的世界里，无论是强者还是弱者，无论是大人物还是小角色，无论是成功者还是失败者，他们之间最重要的区别就是对人生之路选择的差别。

　　前者选择了一条布满荆棘、充满刺激的路，但也收获了大放异彩的人生；后者选择了一条平坦无奇、毫无亮点的路，自然也就成就了平庸的一生。

在这点上，我们不妨看看那些伟大的人是怎么做的。伟人之所以伟大，首先是因为他们选择了伟大的事业，其次才是他们的成功成就了他们的伟大。

如果鲁迅当年没有选择弃医从文，也就不会成为文学巨匠；如果霍金不选择天文物理，就不会写出《时间简史》这一伟大著作；如果贝多芬不选择音乐创作，也就不会为后世留下那么多不朽的旋律。

比尔·盖茨在谈到他的成功经验时说："我的成功在于我的选择，如果说有什么秘密的话，那么还是两个字——选择。"

由此可知，如果一个人想在芸芸众生中脱颖而出，实现自己的人生价值和生活梦想，学会"选择"有多重要！

在一个人的人生中，或许有很多这样那样的重要时刻，但选择无疑是最重要的。我们几乎每天都会面临大大小小的选择，大到今天要做出什么决策，小到要穿什么衣服吃什么饭。

有兄弟俩一起住在一栋公寓，有天两人相约一起去爬山。傍晚时分，等他们爬山回来，回到公寓时，发现大厦停电了！也就是说，两兄弟要回到房间，必须得走楼梯，可当下他们已经很累很疲惫了。最可怕的是，他们还住在顶楼，而这栋楼的楼层一共有80层。这真是一件令人沮丧的事！虽然两人都背着大大的登山包，但除了爬楼梯又有什么办法呢？于是，两人就背着一大包行李开始往上爬。爬到20层的时候，两个人都觉得累了。于是弟弟向哥哥提议说："行李太重了，不如我们把行李先放在20楼，我们先上去，等来电的时候，我们再坐电梯把行李拿上去。"哥哥一听，觉得这主意还行，就答应了。于是两人就把行李放在20楼，继续往上爬。没有沉重的包袱拖累，两人顿时觉得很轻松，他们一路说说笑笑往上爬，可爬到40楼，两人又感到累了。可此时，他们才只爬了一半，还有40层楼要爬呢。两人开始互相埋怨，指责对方不注意停电公告，害他们现在要爬楼梯。他们就这样一边吵，一边爬，不知不觉就到了60层。此时，两人已经筋疲力尽，累得连吵架的力气都没有了。哥哥对弟弟说："不要吵了，还剩20层，马上就可以回到家了。"他们停止了争吵，两人一路无言，安静地爬到了80层。到了家门口，哥哥长出一口气，摆了一个很酷的姿势说："钥匙拿来！"弟弟却睁大了眼睛，诧异地说："什么？钥匙不是你拿着吗？"兄弟俩你看着我，我看着你，颓然倒下。

原来钥匙在登山包里，被他们留在了在20楼！

这个故事说明什么呢？是不是像极了我们人生的轨迹呢？20岁之前，我们在父母、老师的期望下，背负着学习的压力，不停地做功课、考试、升学，就好像背着一个很重的登山包，而那时的自己也不成熟，能力也不足，所以走得很辛苦；20岁以后，我们毕业了，开始踏上工作岗位，正式步入职业生涯，虽然中间也磕磕绊绊，但终归对自己的人生有了一定的掌控能力，相对是自由的，就好像暂时卸下了沉重的包袱；而到了40

岁，人至中年，回首过去，发现自己的青春留有很多遗憾，于是开始抱怨，骂命运不公、老板不识货，骂家人不体贴、子女不听话，埋怨国家，埋怨社会，觉得哪儿哪儿都不顺心；到了60岁，突然发现余生所剩无几，于是暗自告诉自己：与其埋怨以往无法改变的过去，不如珍惜剩下的日子。于是，就像突然释然了一样，默默走完余生的路。直到灯枯油尽，才想起自己好像把最重要的东西忘了。

是的，我们忘了自己的钥匙，我们把人生中最该珍视的部分给丢下了。于是，所有的理想、抱负都留在了20岁，再也没有机会完成。

看到这里，你还不明白吗？

别等到40岁、60岁、80岁才来追悔莫及，现在就认真思考一下，自己要做什么，以后想过什么样的生活，以及要怎样做才能实现梦想吧！与其遗憾，不如现在就行动。去选择，去执行，去找最适合自己的人生之路——它未必是大路，但一定要是能成就你炫彩人生的路。

要知道，在这个世界上，每个人都是带着成功的无限可能性呱呱坠地的，而通往成功的路不是别人给的，是自己选择的。你选择了什么样的人生，也即选择了什么样的命运。你的选择就是你人生的导向牌，只有做出正确的选择，才能让你的人生奏出多姿多彩的乐章。

选择你所爱的，爱你所选择的。

别让"自我设限"杀死梦想

　　有个无聊的科学家曾做过这样一个有趣的实验：他把跳蚤放在桌子上，然后对着桌面猛地一击，没想到跳蚤瞬间跳起，而且跳起的高度远超过其身长的100倍，堪称世界上跳得最高的动物！然后科学家就在跳蚤头上罩了一个玻璃罩，继续拍桌子让它跳，这一次跳蚤竟然碰到了玻璃罩。然后，他逐渐改变玻璃罩的高度，没想到跳蚤跳跃的高度也随之忽高忽低，但不变的是它每次都能保持在罩顶以下。最后一次，科学家恶作剧般把玻璃罩放到了接近桌面的位置，这时，无论他怎么拍打桌面，跳蚤也跳不起来了。于是，他把玻璃罩打开，再次拍打桌子，可跳蚤依然不会跳，它变成"爬蚤"了！

　　跳蚤真的变成"爬蚤"了吗？并没有。它的跳跃能力依然存在，只是在一次次受挫后学乖了，或是习惯了，麻木了。这个实验的"残忍"之处，就是跳蚤的勇气被磨灭了！以至于后来，即便玻璃罩被拿掉之后，它也没有勇气再去尝试了。玻璃罩就像跳蚤头顶上的枷锁，已经牢牢地罩在它的潜意识里。这种行动的欲望和潜能被自己的胆怯扼杀的现象，科学家将其称之为"自我设限"。

由此及彼，由物及人。这种情形，我们并不陌生。在一个人的成长过程中，尤其是幼年时期，如果遭受外界（包括家庭）太多的批评、打击和挫折，积极向上的热情和欲望就会慢慢被"自我设限"封杀，继而开始颓废起来。面对失败，我们惶恐不安；此时，如果没有人及时给予疏导和鼓励，久而久之，我们就会对失败习以为常，甚至会产生"我就知道我不行"这样的消极心态。原本只需一个善意的拥抱和温暖的眼神就能重新振作起来的人，就因为一些微不足道的小事逐渐丧失了信心和勇气，开始变得怯弱、自卑、孤僻、狭隘，没有担当、不思进取。

这样的人，在现实生活中比比皆是。他们最大的共性就是随波逐流，过早地认定自己注定碌碌无为，一事无成。任何一个心怀梦想的人，都渴望成功。很多人的梦想都是与生命同在，至死方休。弗洛伊德认为，人生来就有做"伟人"的欲望。如果仅从字面理解，肯定会有人说他胡说八道，辩称自己从来没想过要做"伟人"。"做伟人"就是渴望成功的内心写照。扪心自问，谁不渴望成功？谁不想成为某一专业领域数一数二的大人物？谁不想过上"既有诗意，还有远方"的生活？

弗洛伊德之后的一些心理学家经过研究，也得出一个相似的结论：不论民族、文化、历史、家庭、性别和年龄，人天生就有喜欢被赞美、渴望被尊重的强烈愿望和倾向——这是"人"的共性。因此，可以这么说，人对成功的渴求与生俱来——因为成功是获得赞美与尊重最有效的途径。

美国著名学者约翰·杜威也认为，人类本质里最深远的驱策力就是希望具有重要性，希望被赞美。

由此可见，渴望成功是人类的本能。人为成功而努力奋斗，也为成功而意气风发。有人之所以能坚定不移地走完人生历程，除了外界的影响，更重要的是其内心对成功的渴望从不曾湮灭。当然，这种成功未必是什么了不起的大事件，甚至可能只是一个任务、一份责任，但这份信念总有期盼和牵挂，总有希望完成的梦想。

成功属于勇敢打破障碍的人，成功属于愿意成功的人。想成功，不仅心要动，人也要动。西方有个谚语："上帝只拯救能够自救的人。"你不解除"自我设限"，谁也没办法。你自己不行动，上帝也帮不了你。成功就像浩瀚无边的大海，不是这个人取了一瓢饮，你就没有机会了；而是你愿意不愿意也弯下腰去取一瓢来。

只有你自己想成功，才有成功的可能。

著名的石油大王洛克菲勒曾经对他的儿子西恩说："我记

得我曾对你说过你在现在这种年龄，务必做好的事情就是想好10年之后从事什么工作，你对将来必须具有想象力。"

不要瞻前顾后，也不要惧怕自己会失败，你只要想清楚两个问题：我想成为什么样的人？我想获得什么样的成就？在弄明白这两个问题之前，别给自己设限。

什么没背景，不会拍领导马屁，长得不漂亮，脑子不好使，才华不够……诸如此类的理由，通通都是借口！如果有背景才能成功的话，世界上就没有"白手起家"这个词；如果必须拍领导马屁才能升职，脚踏实地、勤勤恳恳的人是不是永无出头之日？一个人如果长得好看就能成功的话，估计娱乐圈早就人满为患，明星比粉丝还多了。脑子不好使，才华不够？所以才说勤能补拙，要加倍努力啊！

无论你现在处在什么样的环境，都不要抱着"为时已晚"的心态。真心想去做的事情，任何时候开始都不晚。现在就是最好的时机。

所以，消除你的"心魔"，别让"自我设限"扼杀你的梦想，大胆地向前冲吧！

你有什么理由不努力

有句话叫"努力了，不一定能成功；但不努力，一定不会成功"，可见要成功，努力是关键。

不要拿自己"天生愚钝"做借口，也别妄自菲薄。以我们大多数人的努力程度，根本不足以拼天赋。即使天生愚钝的人，只要用心投入到自己想要追寻的事业中去，一样可以笨鸟先飞，创造出人间奇迹。

我国著名的数学家华罗庚小时候成绩并不好，小学毕业时连张毕业证书都没拿到。初中一年级的数学期末考试，也是经过补考才勉强及格的。于是，到初中二年级时，他开始加倍努力，学习成绩果然发生了巨大变化。他后来之所以能攀登数学高峰，靠的并不是天赋异禀，而是坚持不懈的努力与勤奋。

一代京剧大师梅兰芳在最初学习京剧时，因为眼神没有生气，就像长了一双"死鱼眼睛"，所以被师父视为"不是吃这碗饭的人"，从而拒绝收他为徒。可梅兰芳并没有因此退缩，反而勤练眼神。他逮着机会不是仰望蓝天追逐天上飞鸟的走向，就是低头俯视水中金鱼的游弋。经过他的刻苦训练，终于把自己的眼神练得如流星、似闪电，完全灵活自如了，这才有了后来闻名中外的京剧表演艺术大师。

法国有个叫卡尔·威特的人，因为刚生下来时反应迟钝，所以被邻居们背后里称为"白痴"。就连他的父亲也曾唉声叹气地说："上帝为什么给了我这样一个傻孩子？"但是说归说，父亲并没有绝望，而是很耐心地教他学说话、识字，用大自然的动植物启发小卡尔的智慧。功夫不负有心人，在父亲的精心培养下，小卡尔自儿童时代就成了远近闻名的天才——八岁已经能自由运用德语、法语、意大利语、拉丁语、英语和希腊语等6国语言，通晓化学、动物学、植物学和物理学，尤为擅长数学；九岁考入莱比锡大学；十岁进入哥廷根大学；十三岁出版了《三角术》；十四岁被授予哲学博士学位；十六岁获得法学博士学位，并被任命为柏林大学的法学教授；二十三岁出版《但丁的误解》，成为研究但丁的权威；后来一生都在德国著名的大学里教学，并有口皆碑。

日本著名林学博士本多静六说："我年轻时，脑子很不好，以致连中学都没考上。希望破灭后，我企图跳海自杀，幸而被人救起。从此，我便发奋学习，并在大学两度荣获了银表奖。"

美国哈佛大学一位心理学教授指出，一个人在一生中能否获得成功，智商的高低并不是决定性因素。无数事实证明，很多取得巨大成就的人，其实智商并不高。他们的成功，主要靠后来的勤奋和努力。

爱因斯坦说："天才和勤奋之间，我毫不迟疑地选择勤奋，它几乎是世界上一切成就的催产婆。"我觉得这句话，应当成为我们每个人的座右铭。

上面这些大师，没有一个是"神童"，没有一个是"天才"，甚至有的人还自带遗传缺陷，可他们通过勤学苦练，克服了自身弱点，实现了人生价值。而你，纵使不比他们"聪明"，又比他们"愚笨"多少？连这些都算不上天资聪慧的人都能成功，为什么你不可以？他们都没有放弃自己，你有什么理由要放弃？

诚然，人是有惰性的。如果躲在安逸窝里，就可以随心所欲地想干什么就干什么，想必没有人愿意逃出来；如果每天打打游戏、刷刷手机，沉迷于各种各样的娱乐，就能够得到自己想要的一切，想必这世上没有人再去辛苦打拼了。快醒醒吧，你不努力，没人能给你想要的生活。不要再拿各种漂亮的借口来搪塞父母，敷衍工作，你的人生是对自己负责。只想拥有，却不付出行动，那叫痴心妄想。你如此颓废，如此怯弱，谈何人生理想，个人价值？想要，就去争取。想得到，就去努力。

要享受成功的幸福，必须先付出辛劳的汗水，才有可能收获耕耘的快乐。

之前网络上曾流传过一份王健林的日常行程表，上面清清楚楚地罗列着他每天要做的事，早上四点钟起床，然后开始健身、吃早餐、赶往机场、会见领导、签约、飞回来到达办公室……连商业大亨都这么努力工作了，你有什么理由不努力？

从现在开始，用你的双手，去挖掘生活中的幸福和甜美吧！

制定好目标，不抛弃不放弃

人生无目标，等于没方向。但是目标若是脱离实际，就是"假大空"。无论是工作还是生活，目标都像我们的指明灯，指引着我们前进的方向，给我们提供无形的动力。

那我们该如何制定目标，并使之切实可行呢？这就要求我们在选择或制定目标时，要考虑两个方面：一是目标要符合自己的价值观，就是自己一定要认可，而不是人云亦云；二是要对自己目前的状况有客观、真实的了解，既不能狂妄自大，也不能妄自菲薄。

具体说来，就是目标要有可信性。一旦制定好目标，就一定要坚信目标能实现，这样我们制定目标才有意义。这里面，牵扯到一个目标界定。什么是目标界定？就是目标要清晰，最好具体到某一时间或是某一事件，比如你说"我一定要

发大财"，什么是"发大财"呢，你应该说"我要在XX之前
之前赚够XX（数额）钱""我要在X月X号之前拿下这个项
目""我要在XX岁之前当上店长/部门经理"……这才是明确
的目标。当然，光有目标还不够，你还要想清楚要实现这些目
标，你应该怎么做。相信我，目标越清晰，你实现的可能性就
越大。

　　为了激励你，我想告诉你一个小秘密，那就是目标制定好
之后，一定要经常生动地想象目标达成后的情形，比如目标实
现以后，你准备怎么犒赏自己，要多次练习，要让自己觉得成
功就在眼前，只要再加一把劲儿就可以了。这不是空想，这叫
唤起欲望。欲望是达成目标的动力，没有"欲望"的目标很容
易遭受现实的打击而无力反抗。等你真的做到这一点以后，你
会发现，目标并非遥不可及，只要你肯努力就能实现。

　　在制定好目标并努力实现它的过程中，我们要把目标的进
度条记录下来，也就是说，我们在某个阶段已经达成了多少，
距离最终目标还有多远的距离，这期间的经验和教训都要一一
罗列下来。在做这些工作的过程中，不仅可以帮你验证目标的
合理性和回报率，还能让你在不得不知难而退的情况下，及时
喊停，减少不必要的损失。那到底该怎么做呢？向有经验的前
辈请教，是帮你事半功倍的好办法。经验丰富的人不但可以给
你提供有效的建议，还能让你少走弯路。另外，我们在制定目
标的时候，不能光考虑自己喜欢与否，还要考虑目标成本。比

如一个业务员，如果他把主要精力放在一个不能带来利润的准客户身上，那不是得不偿失吗？时间就是金钱，时间就是生命。人生的梦想也一样，如果你苦苦追寻的只是一个毫无意义的目标，那也是浪费时间，浪费生命。

在经济学领域，讲求的是以最小的回报获得最大的收益。我们衡量一个目标的可行性也是如此，既要考虑它的现实回报，也要考虑它的实现成本。只有回报和成本的比值达到最大化，这个目标对于个人来说，才是真正"切实可行"的。这就要求我们既要敢于大胆设想，又要有自知之明。而如何把握中间这个度，那就看个人方方面面的综合能力了。

假如一个人的能力不够，有些事情从一开始就不应该去做。也许你的梦想很大，但是却要耗费大量的心力、人力、财力才能实现，而这些资源你又没有，那就不妨稍微降低一下标准或是干脆放弃，重新找一个适合自己的，并能够在自己的能力范围内实现的梦想。

假如你现在已经制定好一个目标，那就不抛弃，不放弃，坚定不移地去努力吧。

"不抛弃，不放弃"已经成为这两年来无人不知无人不晓的流行语，它出自热播剧《士兵突击》中许三多之口。剧中的许三多并不比别人聪明，也不比别人有能耐，既不英俊也不潇洒，甚至还有点呆板、有点懦弱，但就是这么一个普通人，却有一股傻傻的韧劲，愿意埋头苦干直至成功。许三多用他平凡的形象和经历为我们阐述了一个简单而又深刻的人生哲理：坚持不放弃，你就能成功。

在开罗博物馆的第二层楼，大部分放的都是灿烂夺目的像黄金、珠宝、饰品、大理石容器、战车、象牙与黄金棺木等宝藏，这些吸引了无数参观者和考古学家的目光的工艺品出自图坦·卡蒙法老王墓，由霍华德·卡特挖掘出来。可是你知道吗？要不是因为霍华德·卡特决定再多挖一天，这些震惊世界的宝藏也许根本就不可能得见天日。

1922年的冬天，霍华德·卡特几乎把所有可能出现年轻法老王坟墓的地方统统考察了一遍，仍然没有收获。然而就当他们几乎放弃了可以找到法老坟墓的希望时，霍华德·卡特坚持让他的赞助商再提供一天的支援，他不甘心就这么放弃。令人兴奋的事情发生了：就是这一天的坚持，他们找到了图坦·卡蒙法老王墓！这一发现不但轰动了世界，还改变了霍华德·卡特的人生，他成功了。后来，卡特在自传中这样写道："那是我们待在山谷中的最后一季，我们已经挖掘了整整六季，春去秋来毫无所获。我们一鼓作气工作了好几个月也没有什么发现，只有挖掘者才能体会到这种彻底的绝望感；我们几乎已经认定自己被打败了，正准备离开山谷到别的地方去碰碰运气。然而，要不是我们最后垂死的一锤努力，或许我们永远也不会发现这座超出我们梦想所及的宝藏。最终，我们还是成功了。"

　　无数例子告诉我们：坚韧之心是成功不可缺少的心态。我们可以不聪明、不机智，没有经验、没有天赋，但是不可以没有恒心。没有一颗坚持到底的心，再简单的事情也可能因为我们的不坚持而以失败告终。没有一颗"不抛弃，不放弃"的心态，就算成功距离我们只剩下半米的距离，我们也可能抓不住。

　　别着急，别放弃，只要你肯努力，你想要的，岁月都会给你。

第二章

珍惜时间：不负时光，才能不负梦想

时间是创造一切的根本，你把时间花在哪里，你的成就就在哪里。如果你能成功规划好每天的24小时，就会发现，成功没有你想得那么难。

你的时间都去哪儿了

　　"时间都去哪儿了？还没好好感受年轻就老了。生儿养女一辈子，满脑子都是孩子哭了笑了。时间都去哪儿了？还没好好看你，眼睛就花了。柴米油盐半辈子，转眼只剩下满脸的皱纹了……"这是歌手王铮亮在2014年的春节联欢晚会上唱的一首歌，此曲一经推出，瞬间撼动无数人，大家纷纷扪心自问：时间都去哪儿了？

　　无论走到哪里，我们经常听见这样的抱怨："只要再给我一点儿时间，我就可以……"当问到人们想要拥有什么东西时，答案各种各样：金钱、假期、爱好、教育等。如果你接着向他们提问，什么才能让他们的生活更轻松时，大家不约而同地回答：时间！

　　那你的时间都去哪儿了呢？时间的"盗贼"大多隐藏在懒

散、空虚、毫无目标、做事没有计划等诸如此类的情绪中，实际上，要想掌控你的时间，先要珍惜时间，提高效率。

企管专家马克·麦西尼曾经讲过这样一个小故事：假如你有一个户头，每天都会有人往里面存进86400元供你随意使用。但是，每天晚上12点以后，不管这笔钱你有没有花完，它都会自动清零，第二天再次存入86400元，如此周而复始。这个故事当然是假的，可事实上，每个人真的有这样一个户头，只不过里面存进去的不是金钱，而是时间。一天有24小时，1440分钟，86400秒。

一家咨询公司在给一个知名企业的总经理做信息咨询的时候，认真记录了一下总经理一周工作的实际情况。结果完全出乎意料：总经理一周的工作时间，真正与业务有关的，只有30分钟！真是令人吃惊！总经理大感不解，觉得自己确实很忙啊，时间都去哪儿了呢？

根据时间管理学研究者们发现，人们的时间往往是隐藏在下列事项中被偷走的。

1.拖延

目标制定以后，该执行的时候，这种人总是以"准备尚不充分""最近没时间，还是等忙完手头的工作再说""我自己搞不定，等我找到合伙人马上开始干"诸如此类的借口推迟行动，等到了时间节点，他又懊悔不已，好像时间重来一遍他就能完成任务似的。

2.懒惰

对付这个"时间窃贼"最有效的办法，就是使用日程计划表，并严格执行。另外，切忌在舒适的安逸区工作。不然，你会把自己惯成"重度懒癌患者"的！

3.时断时续

通过调查，发现造成我们浪费时间最多的是做事时断时续的方式。我们的工作一旦被喊停，再重新启动时，大脑就会花费大量的时间才能调整好注意力，并在停顿的地方接着干下去。

4.找东西

曾经有人对300家知名企业的员工做过关于时间管理的调查，发现大部分职员每年都要花将近6周的时间用来找东西。也就是说，这些人每年要损失10%的时间做这些原本可以避免的琐事。对付这个"时间窃贼"，最有效的办法就是及时清理你的办公文件，不用的东西赶紧扔掉，有用的东西分门别类地保管好。

5.惋惜过去或做白日梦

总想着过去犯过的错和失去的机会，对事实并没有什么改变。除了浪费时间，毫无益处。与其追悔莫及，或是白日做梦，还不如好好想想现在到底该怎么做。

6.没明白问题就匆忙行动

这种人与上面说的做事拖拉的人正好相反，他们看似执行力很强，雷厉风行，实际上根本没有获得一个问题的充分信息就匆忙行动了，以至于后期需要修补的工作比没干之前还要浪费时间和精力。这种人需要培养的是自制力和认清事实的能力。

7.分不清轻重缓急

即使你能避免上述大多数问题，但如果分不清事情的轻重缓急，一样达不到应有的效率。所以，凡事要有规划，规划好了就要严格执行，紧急任务紧急对待，在调整计划表的同时，尽量不要再次拖延。

现在，你知道自己该怎么做了吗？意识到以往你浪费了多少时间了吗？只要不让这些"时间窃贼"有机可乘，我们就能有效掌握我们的时间，也就知道我们的时间都去哪儿了。

向优秀的时间管理者学习

在美国夏威夷的小岛上，有所学校的学生每天上课时，都需要先背诵一段这样的祈祷词：一个人的一生只有三天——昨天、今天和明天。昨天已经过去，永不复返；今天就是现在，很快就会悄无声息地过去；明天即将到来，但也终将消逝，不可等待。抓紧时间吧，一生只有三天！

时间是无情的，但它又很公平。它从不因一个人的身份、地位而随意增减自己的长度和宽度。它就在那里，不增不减，不长不短，你珍惜或不珍惜，它都是一天24小时。

时间需要经营。会经营的人，一分钟可以当两分钟，一小时可以变两小时，一天可以变两天……他们用上天赐予每个人的平等时间做了很多事，最终换来了成功。

世界上很多伟大的人，诸如科学家、发明家、文学家等，他们的成功之处就在于对时间的成功运用，比如德国著名的文学家歌德，他就是一个运用时间的高手。歌德一生致力于写作，作品有剧本、诗歌、小说、游记等各种各样的题材，他非常勤奋，一生留下的作品达140部之多，其中最为人知的当属《浮士德》，长达12111行，被誉为世界文学瑰宝。有人惊叹歌德的成绩何以惊人？其根本原因就在于，他是一个极其珍惜时间的人。他曾在一首诗中这样写道："我的产业多么美，多么广，多么宽！时间是我的财产，我的田地是时间。"歌德把时间看成自己最大的财产，这也影响了他的孩子。有一天，他在小儿子的房间里，看到小儿子的纪念册的扉页上抄着一段话："人生有两分半的时间：一分钟微笑，一分钟叹息，半分钟爱，在这爱的半分钟里他死去了。"歌德看后非常生气，认为小儿子对人生极为不负责任，是对珍贵时光的嘲弄。于是，他提笔在这段话下面写了几句话："一个小时有60分钟，一天就超过了一千多分钟。孩子，你要知道，人在这一千多分钟里，能做出多少贡献！"他是这样说的，也是这样做的。他一生中当真视时间为生命，把一个小时当60分钟用，从不浪费一分一秒。于是，这位将近84岁的老人直到临死前还伏在案前专心致志地写作。

同样把时间看成自己最大的财产的，还有法国著名科普作家凡尔纳。据说凡尔纳每天早上五点钟就起床了，然后一直工作到晚上八点。在这15个小时中，除了吃饭时休息片刻，其余时间皆被他用来写作。当妻子端来热乎乎的饭菜时，他搓搓酸胀的手，拿起刀叉，很快填饱肚子，抹抹嘴，又很快拿起笔继续写。妻子看他如此辛苦，关切地说："你写的书已经不少了，为什么还抓得这么紧呢？"

凡尔纳笑着说："凡尔纳有句名言，你知道吗？凡是放弃时间的人，时间也终将放弃他。"因此，在四十多年的创作生涯中，他写了104部科幻小说、上万册笔记，共有七八百万字。这个数字多惊人！于是有人就问凡尔纳的妻子，说凡尔纳之所以取得如此大的文学成就，是不是有什么不为人知的秘诀。可是，答案却让对方很失望，因为凡尔纳的妻子回复很简单："秘密就是他从不放弃时间。"

看到这里，你发现了吗？优秀的时间管理者都是从珍惜时间开始的，他们对时间有规划，不拖延，不浪费，不为自己找借口，也不因一时的成功就纵容自己懒惰、懈怠。

他们是驾驭时间的高手，也是时间面前的强者。

向优秀的时间管理者学习，助你成功一臂之力。

把握每时每刻，每分每秒

　　对于时间，孔子曾这样感慨："逝者如斯夫，不舍昼夜。"意思是说，时光像流水一样，一去不复返。是的，每过一日，我们的生命周期就缩短了一日，也就是说，我们每天付出的代价都比前一日要高，所以我们每天都应该比前一天更积极。

　　如果我们在时间即将流逝的时候，能够把握住每一分每一秒，那时间就能成为我们人生中最宝贵的财富！

　　李白曾这样高歌："君不见黄河之水天上来，奔流到海不复回；君不见高堂明镜悲白发，朝如青丝暮成雪。"是啊，"莫等闲，白了少年头，空悲切"，只有把握住今天，才不至于白了头再去"空悲切"。不然，当你蓦然回首，发现生活已匆匆过去多年，难道不该好好反省一下自己，在逝去的岁月里，自己都做了些什么吗？

有一天，一位古罗马城的哲学家正在思考问题，不知不觉中就走到一片废墟中。那片废墟已经荒芜很长时间了，非常适合思考。这时，哲学家突然看见前面有一尊双面神像。哲学家觉得很奇怪，就上前问神像："请问，您为什么有两副面孔呢？"

双面神回答："因为这样，才能一面查看过去，吸取教训；一面展望未来，给人憧憬。"

哲学家听完，并没有放下心中的疑惑，反而更奇怪地问道："既是如此，那您为什么不注视最有意义的现在呢？"

双面神很茫然地答道："现在？"

哲学家解释道："过去已经逝去，将来还没开始，而现在就在您眼前，可您却无视它的存在。在这种情形下，即使您对过去了若指掌，对未来洞察先机，又有何用呢？"

双面神听完哲学家的话，伤心地呜呜哭起来。他想起了自己为什么会遭人丢弃，在这废墟之中艰难度日，就是因为他当时没有顾及眼前，所以才导致罗马城被敌人攻陷。一想到这儿，他就觉得自己罪大莫及。

同样的，如果你想成功，那就别浪费时间。成功与失败的界限，除了某些人在某方面确实有奇才，就在于如何分配时间。有句话叫"以我们大多人的努力程度，还不足以拼天赋"，所以别拿天赋当借口，安排好你的时间，你就成功了一半。千万别以为浪费几分钟、几小时、几天没什么大不了的，要知道长期日积月累，它带给你的影响可不止是这一点点时间的逝去，还有你的懒惰、拖延、焦虑、抑郁等各种负面情绪。

或许你会觉得我是在夸大其词，完全是生拉硬扯，时间跟那些负面情绪有什么关系？要知道，在你浪费时间的同时，其实也就是"懒癌""拖延癌"发作，它们不知不觉中影响着你的效率，继而导致工作不能如期完成。因为目标任务没有达成，你的心情就会受此影响，然后你就会焦虑，久而久之，"抑郁"这个隐形杀手就会出现了。至此，你还说浪费一点点时间并没有什么大不了吗？

当你说只休息30分钟的时候，第31分钟你真的可以马上站起来去工作吗？当你说五点之前一定要把设计方案搞定的时候，四点半你却还在打游戏，你以为自己的能力已经强大到半小时就能把一项重要的工作做得毫无破绽吗？并不是如期完成，就万事大吉，而是你能否如期保质保量地完成。我们做任何事，之所以给出足够的时间安排，就是因为事前考虑到这件事的不易，所以才让你充分准备。虽然最后期限是时间节点，但并不是蒙混过关就万事大吉。

据说贝尔在研究电话机这项科技发明时，一个叫格雷的人同时也在做这项研究。巧合的是，两个人的进展几乎是同步的。然而，因为贝尔比格雷更早来到专利局申请专利，所以电话机的发明专利权就归了贝尔。

就是因为这毫不起眼的两个小时，所以世人对电话机的发明者，只知"贝尔"，不闻"格雷"。

或许之前，格雷比贝尔付出的时间和心血还要多，但他却败在了这短短的两个小时。不甘心吗？委屈吗？成功就是争分夺秒！只有把握好每一时每一刻，才能造就属于自己的辉煌。

现在，立刻、马上去做你想做的事吧！包括合上这本书！

与时间赛跑，把钟表调快五分钟

之前网络上流行一个很火的帖子，大意是这样的：如果按人类正常寿命的平均数75岁来算的话，各个年龄段的人还有多少寿命可活？

帖子列出了以下几项：

00后（2000~2009年）：58+年　21170天

90后（1990~1999年）：48+年　17520天

80后（1980~1989年）：38+年　13870天

70后（1970~1979年）：28+年　10220天

60后（1960~1969年）：18+年　6570天

50后（1950~1959年）：8+年　　2920天

看到这组数字，对照一下自己的年龄，是不是心有戚戚焉？人的生命是有限的，多则不过百年，少则几十年。如果一个人能活到八十岁，那他的全部时间也不过七十万个小时左右。如果把一生的时间看作一个整体，很多人会把三四十岁的壮年时期当成起点，觉得自己这个年龄段脱去了二十岁的青涩，正是大展拳脚的好时候。所以，即使到了五六十岁，还觉得有很多时间可以用。但生命的长度并不是人力可以控制的，我们唯一能做的，就是拓展它的宽度。如果一个人抱着"活一天算一天"的态度，那他到三四十岁时，就会觉得人生的路已经走了一大半。

张爱玲说："成名要趁早。"人过三十不学艺，终将一事无成。

人在时间中成长，也在时间中前进。唯有时间和努力，才能让一个人的智力、想象力转化为成果。

一位著名的学者在他的一本关于"如何成为成功人士"的书中写道："对于如何成为成功人士的讨论，一般都是先从如何做计划说起，这看起来非常合乎逻辑。但据我观察，大多计划都只是纸上谈兵，很少转变为实际行动。成功人士的工作计划，也是从管理好时间开始的，他们真正的能力并不是制定出多少高超的计划，而是认清他们的时间在什么地方为起点……"

时间是成功者胜利的筹码，时间是成功者前进的阶梯。任何人想要成就一番事业，都不可能一蹴而就，它需要一个定向积累的过程，必须踩着时间的阶梯一级一级攀登方可抵达终点。世界上哪有不花费时间不花费心力便唾手可得的成功？时间对一个人成功的意义有目共睹。就连文学巨匠歌德也曾后悔地说："我在很多不属于我本行的事业上浪费太多时间，如果我能早一点儿管理好时间，分清主次的话，那我很可能早就把最珍贵的'金刚石'拿到手了。"如果歌德活到六七十岁就去世了，那我们今天就看不到《浮士德》这部文学名著了。

有些人总是哀叹自己的时间不够用，殊不知是自己完全没有把握好节奏，可能他没有故意拖延，也确实是按照时间节点开始执行了，但还是完不成任务。问题出在哪里呢？磨叽！

时间作为一种重要资源，在当今社会中，被看得越来越重要，能否有效地运用时间，成为决定业绩大小的关键因素。每个人一天的时间都是相同的，无法拓展、积累或取代，但因为每个人对待时间的态度不同，对时间的运用自然也就千差万别，所获得的成就也各有不同。

如果男朋友约你晚上七点看电影，而你梳妆打扮需要一个小时的话，那就六点就开始准备。如果别人给你的时间只有五分钟，而你做这件事需要十分钟的话，那就提前十分钟开始。

与时间赛跑，就是管理好自己。如果你追不上它，那就把自己调整到提前五分钟状态。那些零碎的被我们虚掷的闲暇时光，如果能够有效利用的话，完全有可能使你出类拔萃，取得杰出成就。

乔治·史蒂芬森把时间看得重若黄金，从不轻易放过。

他没有接受过任何正规教育，完全是凭着个人的勤奋自学成才的，并利用积累起来的点滴时间完成了重要的工作。当他还是一个机械工程师时，就利用上夜班的机会自学了算术。

音乐巨匠莫扎特同样惜时如金，在他眼里一分一秒都贵如金玉。他经常废寝忘食地投身于音乐创作，有时甚至是不间断地连续工作两个夜晚一个白天，可谓勤奋之极。他的惊世之作《安魂曲》就是弥留之际在病榻上完成的，那时他已日薄西山，气息奄奄了，真可谓"生命不息，创作不已"。

在我们的人生中，这样的例子比比皆是。有人只需将工作效率提高到普遍标准的10%，就能够增加约一般人10倍的收入。这增加的10%的魔术，其真正意义在于：人与人之间的差异，其实微乎其微，但极微的差异却具有重大意义。

很多人总认为时间不够用，所以做事往往半途而废。关于如何让时间多出来，最常用的方法就是将睡眠时间减少10%。正常情况下，人一天的睡眠时间是八个小时，早上六点半起床，一小时梳洗、看报、吃早点，然后七点半准时出门——这是很多上班族的生活方式。那减少八小时睡眠时间的10%是多少呢？也就是提前五十分钟，即五点四十必须起床，六点半出门。这样一来，你就可以提早一个小时坐车，而这时候一般都会有座位。你可以在宽敞的公交车上找到舒适的位子或阅读或想事情，做各种规划。也就是说，此时的公交车就是你的移动办公室。所以，比往常提前一个小时出门上班，也即意味着在正式上班之前，你有一个小时、两个小时甚至三个小时的时间可以充分利用。这并不是什么难以实现的事。有很多上班族找到这种方法后，工作效率提高了四五倍之多。

滴水成河，粒米成箩。只要把一些零零碎碎的时间积累起来加以利用，就能创造丰硕的成果。一切贵在点滴积累、持之以恒。哪怕每天抽出一小段时间有效地加以利用，也能创造奇迹。所以，抓紧你的闲暇时间，抓紧你的生命吧，把它们用于你的工作和事业，用于自我完善和自我实现。

只有有效管理我们的时间，才能让时间赋予我们的工作更大的意义，我们才能距离成功更近一点儿。

提高控制时间的能力

在工作中，我们总会看到这样一群人：他们步履匆匆，手忙脚乱，办公桌上永远堆积着数不清的文件和做不完的工作。他们就像被时间牵着走一样，永远都显得很忙碌。实际上，他们真的忙得暗无天日，一点儿闲暇时间也没有吗？并不是！他们只是没有规划好时间，所以才工作效率低下。那这些人该如何改变这种拖拉的状态呢？他们无需到什么专门机构进行培训，只要留心观察一下身边那些优秀员工是如何控制时间、规划时间，并把管理时间的技能学到手就可以了，就能提高自己控制时间的能力了。

要提高控制时间的能力，绝不是一句空话。它需要掌握好的工作方法，还需要你自己培养强烈的时间观念。只有一个人真正意识到时间对自己的重要意义时，他才能珍惜自己的时间，在工作中不早退、不迟到。

你知道在麦当劳有个金科玉律般的数字，需要每位员工都认真对待吗？那就是，60秒、30分钟、4摄氏度！

60秒指的是从顾客付款到下单，再到顾客拿到食物，整个过程必须在60秒内完成；

30分钟指的是每隔30分钟要对店内进行一次全面清洁，让室内保持永久的干净整洁；

4摄氏度指的是可乐要始终维持在4摄氏度的最佳口感状态，也就是说必须第一时间送达顾客手中。

我们知道，麦当劳作为享誉全球的知名快餐品牌，几乎遍布世界各地。这几个数字的重要意义，早已深入到每一个麦当劳员工心中。也正因为他们时刻牢记时间的高效性，所以才能以便捷、高效的服务征服全世界。遵守规则是麦当劳的铁律，它就是要让你有强烈的时间观念，让你把上下班时间当成不可逾越的警戒线，不能随意迟到、早退。

曾经有商业杂志专门做过知名企业家的采访，当问到他们有何成功秘诀时，很多人不约而同地提到了合理利用时间的重要性。有位企业家更是明确指出：其实很多人说自己没有足够的时间处理工作，背后真正的含义是他们没有找到规划和合理利用时间的契机。

有位著名的推销训练大师说："每一分每一秒都要做最有生产力的事。"那什么是"最有生产力的事"呢？对一个业务员来说，是不是就是天天给客户打电话或是把资料准备好就会有业绩呢？其实都不是。对他来说，真正有效的生产力是面对面的拜访，然后才是说服客户购买自己的产品。同样的，从事其他行业、其他职业的员工也应当如此，只有把时间用在"最有生产力的事"上面，才能获得相应的回报。

不知道你有没有发现，工作高效的人通常都很守时，他们就像那些精炼能干的高手一样，不会迟到、早退，也不会拖延工作进度。他们对自己的时间甚至有精确到分钟的安排，当然也绝不会允许发生因为自己时间观念不强而影响到别人的事情发生。那些工作懒散，经常迟到、早退的员工，看起来也没犯什么大错，好像不值得大惊小怪的，但实际上你拖延了自己的时间，就是在浪费别人的时间。任何一个企业的运作和发展，都不是每个员工独立支撑的，它的每一步成长都需要大家同心协力的协作。你没有按时完成任务或是完成度不高，就会影响别人的工作进度，继而影响整个企业的正常工作。长此以往，不但同事对你有怨言，老板也会对你印象不好。相反，注重时间效率的人则会合理安排自己的时间，并有效地运用它，继而取得自己事业上的飞速发展。因此，很多企业都把员工是否守时当成对一个人基本职业素养的考量。

有家保险公司的业务员很长一段时间内都没有完成任务量，为了帮助他们分析原因，领导便把他们召集到一起开会。领导要求他们每个人都用一分钟时间说明各自的服务项目。业务员们依次进行了现场说明。每到一分钟，不管这个人有没有讲完，领导就叫"停"，然后他简明扼要地指出这个业务员的表述方法。分析的结果，令所有业务员大吃一惊，原来在一分钟时间里，他们大多说的都是无关紧要的客套话，有的人甚至连开场白都没有说完。

于是，针对这种现象，领导提出了"一分钟守则"，即每个业务员在向客户介绍产品时，必须把时间控制在一分钟之内。一分钟到了，就要停止自己的滔滔不绝。后来，业务员们这样执行以后，不仅工作效率提高了，公司的业务量也大大提升了。

有效利用时间是提高工作效率的最好办法。几乎所有高效率员工都是利用时间的高手，他们有的人甚至在等车或是乘坐地铁时都在浏览业务资料，或是在旅行途中给客户写好拜访信。对他们来说，每一分钟都是有价值的，绝不能白白浪费掉。

同时，高效率员工因为已经在有效时间内完成了工作，所以他们不需要凭借加班来显示自己的勤奋。他们对自己的时间怎样使用有明确的规划，一旦发现有浪费的火苗，就会及时"扑灭"。所以，他们的时间显得很充裕，几乎不会发生因为工作任务临近完成期限而不堪重负的情况出现。

通过上面的介绍，你找到提高控制时间的窍门了吗？不拖延，不磨叽，什么时间就做什么事。别以为上班时间完不成的工作，加班就能赢得老板的赞赏。对老板来说，他看重的是最终结果。员工的工作业绩才是衡量员工应该得到何种奖励的标准。只有那些高效高质的工作才能令老板刮目相看，而那些一味靠加班来等待老板重视的人，说不定弄巧成拙，让老板误以为你能力不行，所以才效率低呢。

　　停止那些无谓的时间浪费，提高控制时间的能力，你会发现整个世界都没那么忙咯！

做时间的主人

时间是解决问题的核心，是成功的关键。谈判时，你能否准时坐在谈判桌前；上班时，你能否准时坐在办公桌前；约会时，你能否准时到达约会地点……假如你在这些时间点、这些场合错过了时间，那么你就有可能失败。所以，你要把每分钟都看得十分重要才行，准时也是不能忽视的成功学之一。

每次约会都准时的人，无形中也会增加他自己的时间。拿破仑曾经说过，他之所以能战胜奥地利人，是因为奥地利人不知道五分钟的价值。事实上，即使一分钟的迟到也可能会让自己遭遇一场不幸。

生而为人，我们大多都心怀梦想。可是许多人却日复一日年复一年地把时间浪费在一些毫不相干的事情上。一些人明明梦想着做老师，却做了技术员；梦想开一家咖啡馆，却开了网吧；从小就很喜欢画画，最后却学了烹饪。梦想好像距离我们真实的人生越来越遥远，时间也好像越来越不被我们所掌控。

这种被命运推着走的感觉，实在太糟了。

有人说，自由不是你想干什么就干什么，而是你不想干什么就不干什么。

虽然命运难以把握，梦想暂时隐藏，但我们不能放弃时间。

一个人真正拥有，极度需要的只有时间。其他的事物，多多少少都部分或曾经为他人所拥有。如呼吸的空气、走过的土地、拥有的财产、占用的空间等，每个人都只是暂时拥有，但纵然如此，仍然有很多人随意浪费掉他们宝贵的时间。

太多人把80%的时间浪费在只能创造20%价值的人身上，比如经纪人花费太多时间在不按时参加演出的演员或模特儿身上，政治家把更多时间花费在20%的有问题或本身就是问题的人身上，而不是那些当初投票给他的选民。这样的做法，难道不是本末倒置，完全搞不清楚状况吗？

玛丽·露丝曾经在《节约时间与创意人生》一文中这样写道："我的工作有一部分是市场咨询，常常要和人们讨论如何建立事业。我给他们的建议，通常是学会自由运用自己的时间，但更重要的是，一定要把最有效的时间优先留给那些帮助自己建立事业、认真想成功和愿意协助自己达到成功的人身上。"

一旦你放弃那些低价值的活动，你就会发现你的时间全都用在了高价值的活动上，无论这活动是为了成就还是单纯就是让自己开心。因此，希望你尽可能避免那些不必要的电话和约会，特别是在你一天中效率最高的时段。现在就先认识清楚，哪些是把时间吃掉的低价值事务吧。

做时间的主人，让生命中的每个日子都值得"计算"，但又不是只是"计算"着过日子。只有先掌控了时间，才能进一步掌控人生。人生的绚丽多彩，需要我们不断地勤奋和努力，规划好时间，才能勾勒出动人的篇章。

有一次，拿破仑邀请他属下的一些将士吃饭，可到了时间怎么也不见他们的身影，拿破仑就独自吃起来。在他吃完的时候，将士们来了，拿破仑却说："中饭时间已过，我们立即办事。"

"成功的秘诀，首要的一点就是要养成准时的习惯，可是一般人习惯于拖延。准时的习惯，也像其他的习惯一样，要早日加以训练。我的事业要归功于总是提早一刻钟的习惯。"纳尔逊侯爵曾经说过，"准时是国王的礼貌、绅士的职责和商人的必要习惯。"所有的成功者都在用他们的人生经验提醒我们：做时间的主人意味着一个人有把控时间的才能，也意味着他距离成功又进了一步。

列出行程表，合理安排时间

中国古人讲："一张一弛，文武之道也。"身处竞争激烈的现代社会，每个人都犹如上紧发条的钟表，分秒必争。但别忘了：弦绷得太紧，会断的。注意工作中的调节与休息，不但于自己健康有益，对事业也是大有好处的。

很多人总是强迫自己无休止地工作，他们在工作中获得了一定的成就，也赢得了一定的社会地位，因此对工作更加上瘾，就像酒鬼对沉迷酒精一样。他们拒绝休息，拒绝娱乐，公文包里塞满了要办的公文，行程表上密密麻麻都是公事。我们通常会把这种人称为"工作狂"。如果让"工作狂"停下来休息片刻，他们就会认为纯粹是浪费时间。可是你仔细观察一下，这些人都成功了吗？没有，他们中的大多数人都没有成功，反而身心交瘁，最后还因疏远家人，增添家庭破裂的风险。

确实，事业的成功是很重要的，但如果为此牺牲了健康和家庭，那不是得不偿失吗？在社会竞争中，一个人应该学会合理安排自己的时间，张弛有度，劳逸结合。既要迎接各种工作的挑战，也要预留与家人共度天伦之乐的时间。工作有"行程表"，休息时也应该有自己的"行程表"。事事有规划，件件有安排。

泰戈尔在《飞鸟集》中写道："休息之隶属于工作，正如眼睑之隶属于眼睛。"不会休息的人就不会工作，只有休息好了，才能更好地工作，才会有更好的生活。如果一味地、盲目地去忙，连革命的本钱都搞垮了，那人生也就没有忙的意义了。我们崇拜陈景润，但我们不赞成他那种不顾一切，废寝忘食，以致英年早逝的生存哲学。

俗话说："磨刀不误砍柴工。"首先要明白休息与工作并不矛盾。工作时就认真工作，放松时就彻底放松。去钓鱼、去登山、去观海，拿得起，放得下，想干啥就干啥。

其次就是工作、休息应该合理搭配，不能忙时累个半死，闲时又闲得让人受不了。可以隔三差五地安排一个小节目，比如雨中散步、周末郊游、鸳鸯共浴等。适时的忙里偷闲，可以让人暂时从烦躁、疲惫中及时摆脱，为更好地工作而积蓄能量。

人生就像登山，不能为了登山而登山，而应着重于攀登中的观赏、感受与互动，如果忽略了沿途风光，也就体会不到其中的乐趣。人们最美的理想、最大的希望便是过上幸福生活，而幸福生活是一个过程，不是忙碌一生后才能到达的一个顶点。比如说，一个人在忙完一周的工作之后，其心理和体力都需要放松一下，但他却在周末依然将工作带回家继续挑灯夜战。这样做的后果就是他在新的一周没办法集中精力完成新的工作任务，而且也会降低他在办公室里把工作做完的冲劲，因为他已经养成一种思维习惯："做不完也没关系，我可以晚上回家做或是周末加班。"久而久之，就会养成一种拖延的毛病。

因此，"班上事，班上毕"应该成为一个良好习惯。除非有紧急事务，否则，尽量避免把工作带回家。当一个人工作太久了，疲惫和压力就会产生，厌烦也逐渐侵入，这时如果不改变一下工作的步调，很可能会造成情绪不稳定、慢性神经衰弱以及其他的毛病。这时就需要调节一下。调节不一定就是停下来什么也不干，你可以站起来活动一下筋骨或是做几分钟体力劳动，收拾一下桌面或是整理一下案头文件，这些都有助于帮助你快速恢复精力。

真正的成功人士从来都不是整日忙于工作的人，他们各有各的保持健康和休息的方法。比如旧金山全美公司的董事长约翰·贝克每天坚持晨泳和晚泳，还经常抽空去滑雪、钓鱼、越野走以及打网球；包登公司的总裁尤金·苏利文每天都会走过二十条街去他的办公室，就是为了放松大脑，锻炼身体；联合化学公司董事长约翰·康诺尔偏爱原地慢跑，一直保持着标准体重。

总之，再忙也要适时休息，再忙也要劳逸结合。

适当放松，再忙也要休息

现代社会人人喊忙，生活中无休止的忙碌就好像囚犯头顶悬挂着的不停往下滴的水袋，只要你不离开，它就会一刻不停地击打你的心灵，直至把你击垮。所以，在工作之余，学会放松，学会尽情享受美好人生就显得相当重要。

近代心理学研究表明，在工作繁忙时，到户外散散步或晒晒太阳，或听听舒缓的音乐，不仅可以帮助消除疲劳，还有助于活跃思想。

第二次世界大战时，丘吉尔有一次和蒙哥马利闲谈，蒙哥马利说："我不喝酒、不抽烟，晚上十点钟准时睡觉，所以我现在还是百分之百的健康。"丘吉尔却说："我刚巧与你相反，我既抽烟又喝酒，而且从来都没准时睡过觉，但我现在却是百分之二百的健康。"蒙哥马利感到很吃惊，丘吉尔身负两次大战重任，工作繁忙紧张，生活如果这样没有规律，哪里会有百分之二百的健康呢？

其中的秘密就在于丘吉尔虽然忙碌，但从未忘记给自己的心灵放假。即使在战事紧张的周末他也坚持去游泳，在选举战白热化的时候他还照样去垂钓，他刚一下台就去画画，工作再忙，他也不忘在那微微皱起的嘴边叼一支雪茄放松心情。

富兰克林·费尔德曾经说过："成功与失败的分水岭可以用这么五个字来表达——我没有时间。"当你面对着沉重的工作任务感到精神与心情特别压抑的时候，不妨抽一点儿时间出去散心、休息，直至感到心情已经比较轻松后，再回到工作岗位上来，这时你会发现自己的工作效率特别高。俗话说"磨刀不误砍柴工"，说的就是这个道理。

每天抽出一点儿时间来放松心灵，你会感受到这竞争之外的惬意。这时的闲不是毫无意义的消磨时光，而是为更好地工作积蓄力量。所以，你不必内疚，也不必找借口推托。

据说爱因斯坦从1895年起就开始思考："如果我以光速追踪一条光线，我会看到什么？"他反复思考这个问题，但很多年都没有找到答案。直到1905年的一天早晨，他在起床时突然想到：对于同一个观察者来说可能是同时发生的两个事件，对别的观察者来说未必是同时。这个"灵感乍现"的时刻，让他很快意识到这可能是个突破口，他立马投入精力朝这个方向努力，不久就提出了"狭义相对论"这个概念。总之，为了更好地工作，为了美好的生活，我们一定要学会忙里偷闲，有时休息比工作更有效。

从诱发灵感的基本形式可知，暂时的清闲状态如散步、沐浴、听音乐、阅读一些与所要解决的问题无关的书刊、与专业以外的人闲谈、入睡前或刚醒时的休息等，是创造者转移注意力、摆脱困境、产生灵感的一个重要方法。据记载，笛卡尔、高斯、彭加勒、爱因斯坦、华莱士、歌德、坎农、赫尔姆霍茨等人都曾有躺在床上休息时得到灵感的体验。日本一家创造力研究所于1983年12月~1984年8月，对82名日本发明家进行了统计，结果表明，有52%的人曾在枕头上产生过灵感，有45%的人在乘车中产生过灵感，有46%的人在步行中产生过灵感，而只有21%的人在工作的办公桌上产生过灵感。由此可见，人在放松状态下更容易产生灵感。当然，上述情况只是灵感产生的一般情况，具体灵感产生的过程往往因人而异，并非千篇一律。例如，法国物理学家皮埃皮·属里认为在森林中容易产生激情；费米喜欢躺在寂静的草地上想问题；康川秀树习惯于夜间躺在床上思考；法国数学家阿马达则常在喧哗中产生灵感；剧作家贝克认为产生灵感的最理想时刻是躺在澡盆中的时候；而赫尔姆霍茨则认为是一大早或天气晴朗登山时；还有人在酒意冲击下会有灵感，法国军乐家德利尔就是在喝酒的状态下写出了著名的"马赛曲"；我国唐代诗人李白更有"斗酒诗百篇"的豪兴……所以，灵感常常在人始料未及时出现，不必强迫自己时刻保持在工作状态，有时候休息更能诱发一个人的灵感。据说大发明家爱迪生就有白天坐在椅子上打盹儿的习惯，他的许多好的念头就是这样产生的。

古人云："一张一弛，乃文武之道。"人生也应该有张有弛，忙中有闲。人生就像一根弦，太松了，弹不出优美的乐曲，太紧了，容易断，只有松紧合适，才能奏出舒缓优雅的乐章。

第三章

戒除拖延：高效的人，会有无限可能

拖延是人类共有的倾向，它总是表现在各种小事上，久而久之，特别影响个人发展。战胜拖延，就是改变固有的思维方式。只要你愿意挑战"拖延"并将它打败，时间和效率就会来到你身边。

"拖延症"才是人生的终极杀手

有个好吃懒做的人整天不好好工作，反而养成了偷偷摸摸的习惯——每天都要偷邻居家的一只鸡。后来，有人就劝他："一个人怎么能不懂得是非好坏、礼义廉耻呢？正正经经做人才是真理，偷东西可不是好人行为啊！"这人听了，羞愧难当，顿时表态要改正自己的错误，他说："既然如此，让我慢慢改吧。从今天开始，我少偷一些，由每天偷一只改为每月偷一只，到明年估计就能改掉这个恶习了。"劝诫他的人说："既然知道自己错了，就应该立即改正，为什么非要等到明年呢？"

很多人做事都喜欢拖延，总是将今天的事情拖到明天，将明天的事情拖到后天，以此类推，直到自己被数不清的工作淹没。他们原本以为这种拖延战术会让自己好过一些，没想到最后却是活得更痛苦。

有一些谚语和格言，很值得拖延的人思考。

"等时间的人，就是在浪费时间。"

"犹豫是时间的盗贼。"

"少年辛苦终身事，莫向光阴惰寸功。十年老不了一个人，一天误掉了一个春。"

"今天的事情不要等到明天去做，明天要做的事，今天要去想。"

"年少力强，急需努力；错过少年，老来着急。"

"路从脚下起，事从今日做。"

你的时间之所以不够用，都是因为"拖延"害了你。

不要空等想象中的合适时机再来做事情，能现在做的，要马上去做。通常人们都是按照事情的轻重缓急来安排任务的，真正的有效时间应该做最重要的事。按照二八定律，只占20%时间的重要事情可以收到80%的成效，而80%的琐事却只有20%的功效。

做任何事都切忌拖延，拖延对个人和组织发展都是非常不利的。它导致的不良后果不仅影响人的前途，还影响人的心理活动，使人在不知不觉中形成不良的心理状态和性格缺陷。

拖延，让小问题变成大麻烦

　　乔治总是很难按时完成工作，而他还给自己找了一个非常好的借口："我不想按照别人的要求做事，那样会让我觉得被别人控制了。"虽然大家都知道他这个理由很牵强，但也不想跟他争论，久而久之，拖延便成了乔治生活里最好的"伙伴"。上级领导要求他准备的策划案，他一般都要推迟两天才交，同事偶尔让他帮个小忙，他也常常忘记。他是这样解释的："我就是这么自我的一个人，讨厌约束和掌控。"可是那些每月必交的账单、税款等让他无比头疼，他觉得这简直是世界上最讨厌的事，所以总是拖到最后一天才交。一天，当他交完税款之后，开车去参加朋友的婚礼，看着仪盘表上汽油即将用完的提醒，他觉得问题不大，还是等回来再说吧。结果车子开到高速公路之后因为没有油而突然抛锚，开在他后面的车子

"尖叫"着擦着他的车身呼啸而过。乔治坐在车里，只剩下脸色苍白。

我们很早之前就听说过一个概念——蝴蝶效应，这个效应是说，在南美洲亚马逊河流域的热带雨林里，一只小小的蝴蝶只要扇那么几下翅膀，就有可能引起一场可怕的龙卷风。因为蝴蝶在扇动翅膀的时候，会让雨林内的空气产生微弱的气流；而这气流虽然微弱却会引起四周空气的变化，随着空气的变化便会产生一系列的连锁反应，从而让其他系统也发生变化，这样龙卷风便形成了。

乔治的高速公路抛锚事件就像蝴蝶效应，因为他一拖再拖的毛病，最终险些引发了危险的交通事故。如果他不是一定要拖到最后一天去交税款，如果他不是坚持要到下次再去加汽油，或许就不会发生高速公路抛锚这种事了。

由此可见，平时看着无大碍的拖延，如果不认真对待，就有可能给自己带来更大的麻烦。

同事小A是公司有名的"拖延患者"，总习惯把未到眼前的事往后推，就算是很重要的事，她也常常以时间没到为借口拖延着不去做，非要等最后期限才胡乱应付了事。这天正进行职工培训，培训师因为迟到了一分钟，所以一进门便给大家鞠躬，并且非常诚恳地给大家道歉："不好意思，我迟到了。拖延了大家的时间，真的很抱歉。"

同事们都纷纷表示理解，这时小A则小声地对我说："要按他这样，那我一天不用抬头了。"说这话的时候，她还一副满不在乎的样子。不知道培训师是不是听到了小A的话，他没有直接上课，而是对我们说："在上课之前，我先给大家分享一下这样一件事。"于是，他就开始讲自己的故事。

原来，培训师最早的专业是机械工程师，因为机械工种的性质，他便经常出入于车间，和工人们混得很熟。这天，研发部新上线的离心机要试运行，所以他早早地过去等着看结果。组装很顺利，当一切全都进行完毕，离心机进入到检漏阶段。检漏过程是这样的：离心机的机身前后被两个大铁盖子盖着，然后用很大的螺丝钉固定，每个盖子上都有几百颗螺丝钉，固定之后再向机身内部充入几百磅的高压气体，从而观察机身是不是密闭。

这个步骤因为有一定的危险性，因此检漏的时候都会将离心机放到一个专门用铁板做成的房间里。在充气时，操作人员必须将这个房间的铁门关死，只留下检漏员，而外面的人则很难打开这道门。

虽然这是新研发的产品，但工程师还是在离心机被送进检漏房之后自动退出来。这时领班开始关照大家："无关的人员都离开，检漏人员入内关闭房门。"检漏员却说："让那个新的检漏员进来吧，我要教他充气的程序。"

于是新的检漏员走进房间，大家看着铁门缓缓关闭。老检漏员说："先按顺序检查螺丝是否栓紧，然后再充气；因为这是新研发的产品，不能一下给到位，先定百分之三十的量吧，如果百分之三十没问题我们再充满。"

新的检漏员说："知道了，你去隔离间吧。"原来在这个危险的铁房间之内，还有一个小小的隔离间，检漏员在充气时为了以防万一，是必须进入这里面的，等到时间到了，再出来将气压放掉。这样就算遇到离心机泄漏，也不至于出现最坏的状况。老检漏员见他胸有成竹的样子便说："一打开开关，就要快点儿回隔离室。"新检漏员嘴里满不在乎地回答道："知道了，知道了。"老检漏员这才进隔离室里去。

新检漏员慢悠悠地设定好了气压量，然后打开开关，但他并没有立刻离开，而是又对着离心机看了一会儿，好像在听气漏声，可是仔细听过似乎并没有发现什么异常，他站在那里撇了下嘴，这才往隔离室的门口走，一边走着还一边掏出手机看个不停，当下的时间为下午2：41。

就在他刚刚走到隔离室门口，想要伸手打开房门的时候，突然"轰"的一声巨响，离心机高压气泄漏，一股白色的浓烟从检漏室的铁门缝里涌出来，车间内的人吓得四处逃窜。当救援人员赶到，最终将铁门拆除的时候，只找到已经昏迷的老检漏员，新检漏员却一点儿也找不到了。

事后，公司找来了检漏室的监控录像，看到离心机的盖子被高压气迸飞的刹那，新的检漏员根本来不及反应，就已经被气体直接掀向房顶，然后便只剩下浓白的气体，什么也看不到了。老检漏员因为被关在隔离室，幸运地捡回了一条命，可他对新检漏员发生的意外一直自责不已。

　　故事讲完，室内安静极了。这时，培训师说："我之前就知道这个新检漏员最大的特点就是爱拖延，什么事都要比别人慢半拍；如果那次他听了老检漏员的话，早一秒进到隔离室去，或许就不会发生那么惨的事。"小A眨着眼睛，先前的轻松与笑容早已僵在脸上。

　　我们还小的时候，应该都听过这样一首歌："丢了一个钉子，坏了一个蹄铁；坏了一个蹄铁，折了一匹战马；折了一匹战马，伤了一位将军；伤了一位将军，输了一场战斗；输了一场战斗，亡了一个国家。"对于拖延症患者来说，这首歌非常适合他们。其实，不管是蝴蝶效应还是检漏事件，都让我们明白一个道理："最初的小麻烦，最后变成了大问题。"

　　拖延不是什么大事，甚至身边的人也能理解，但久而久之，它对我们的危害就显而易见了。所以，对于拖延这种会让我们上瘾的小麻烦，还是尽早让它成为过去吧。

别让上门的机遇，毁于你的拖延

生活中并不缺少机遇，而是缺少创造机遇的智慧、发现机遇的头脑以及把握机遇的能力。仔细想来，人一生的命运其实就是由一连串的机遇连接而成的，而一个人的一生是否精彩，就看他是否能抓住这些机遇。

比尔·盖茨说："机会与我们的事业休戚与共，她是一个美丽万分而又脾气古怪的天使。她会忽然来到你的身边，如果你稍有不慎，她就会飘然而去，不管你是如何地扼腕叹息，她都将一去不返永不再来。"

众所周知，机会对人的成功至关重要，但往往它又是稍纵即逝的。要想抓住机会不让它溜走，就要有在关键时刻抓住它的能力。因此，机会来临时，不要犹豫，不要拖延，一定要干脆、果断，该出手时就出手。

很多时候，机会只有一次，你根本没有下一次的选择权。所以，不要说"下一次我一定可以""再给我一次机会，我一定证明给你看"，给你机会的时候，你就应该做好啊？为什么要等下一次？如果第一次你都没有做好，谁还敢再把机会给你赌第二次？

有句话叫"别拿豆包不当干粮"，也别拿给人给你的机会不当回事。给你的是机会，也是信任。你自己都不看重，拖拖拉拉，以后还指望谁再相信你呢？

世界酒店大王希尔顿，早年追随掘金热潮去了丹麦，但去了那儿以后，他连一块金子也没掘出来，却得到了上天的另一种眷顾——给淘金的人，建造住宿的地方。当时，他因为淘金失败沮丧无比，正准备要回家时，却偶然间意识到与其把心思全部用在结果不可知的淘金上，倒不如转变思路给这些淘金的人建个落脚的地方。这个想法在他脑海中成熟以后，他没有丝毫拖延，马上行动起来。于是，当别人都忙于淘金时，希尔顿却忙于建旅店。这为他后来在酒店业的成功奠定了基础，也使他一跃成为另一种意义上的"淘金人"。

机遇不仅有可能给人带来成功，它也是一次严峻的考验。它不仅需要我们有坚实的功底和知识储备，更需要我们在看到机遇的时候，不拖延，不胆怯，拿出拼搏和应战的勇气来。翻开人类历史的篇章，我们不难发现，有人因为抓住机遇而"柳暗花明又一村"，成功摘取了胜利的果实；也有人因为与机遇擦肩而过，还在懵懵懂懂"山重水复疑无路"，为错过机会而抱憾终生。因此，能不能抓住机遇，抓住机遇之后你要怎么做，这也是一种能力。它会帮助你在人生道路上苦苦跋涉时来一次转折性的飞跃，让你看到成功女神的微笑。

李嘉诚曾说过这样一段话："我们身处瞬息万变的社会中，全球迈向一体化，科技不断创新，先进的资讯系统制造了新的财富、新的经济周期、生活及社会。我们必须掌握这些转变，应该求知、求创新，加强能力，在稳健的基础上力求发展，居安思危。无论发展得有多好，你时刻都要做好准备，当机会来临时就要勇往直前，不要错过。"他是这样说的，也是这样做的。

在李嘉诚最初建立长江塑胶厂的那几年，香港当地的塑胶和玩具厂多达300家，而长江塑胶厂不过是其中的一家，而且还是没什么特色名不见经传的小厂而已。显而易见，市场竞争激烈，小厂子更是举步维艰。李嘉诚意识到，只有找到突破口，才能让自己的厂子从同行业中脱颖而出。李嘉诚时刻关注着塑胶行业的任何一个动向。终于有一天，他在阅读英文版的《塑胶》杂志时，在上面发现了一则有关意大利的一家公司，用塑胶原料设计制造的塑胶花即将销往美国市场的消息。他当即做出判断：塑胶花的面世，必将引发塑胶市场的革命性变化。于是，他毫不迟疑，马上飞到意大利拜师学艺，当时公司一无资金，二无技术，三无人才。换做其他人，可能就打退堂鼓了，或是找这样那样的借口拖延时间。可李嘉诚却看准时机，立马就去做了。也正因为他的当机立断，才能屡屡屡屡得到幸运女神的垂青和眷顾，最终积累了丰厚的财富。

在意大利学艺的那段日子，李嘉诚凭借坚韧不拔的毅力、吃苦耐劳的精神、勤奋好学的精神和精明能干的担当，很快就学会了非同寻常的塑胶花生产工艺，不久就满载而归。自此，香港迎来了"塑胶花"的黄金时代，李嘉诚也荣获了香港的"塑胶花大王"的称号。

李嘉诚的成功告诉我们：只有在关键时刻抓住机遇，并尽快去做，才能在瞬息万变的市场中立于不败之地。

无数研究表明，真正对人的一生发生决定性影响的机会是有限的。大凡成功者，都对机会的来临有相对敏锐的预测和判断，当别人还在观望、徘徊的时候，他们已经捷足先登抢占了先机。所以，要把握时机，不仅要眼明手快，还要当机立断，不能拖延。对每一位职场或商界的人来说，观望、拖延都是大忌。很多人因为对已经到来的机会没有信心，犹豫不决，所以才白白错失了机会，等到"无花"时，再"折枝"，一切都晚了。

当然，这并不是让你随随便便就出手。所谓"机会是给准备好的人"，如果准备不充分，分析不周密，判断不准确，出手就是自寻死路，玩火自焚。所以，若发现条件有变，或情况不妙，即使已经出手，也要及时止损。

由此可见，关键时刻一定要善于把握机遇，一旦抓住就要好好运用，切不可盲目等待或是拖延，否则，就有可能丧失生命的主动权，继而无法实现人生的价值。

做事有条理是高效能人士的习惯

　　有位商界名家把"做事没条理"作为很多公司失败的重要原因之一。他讲起了自己遇到的两种人。

　　一种人，性子急，不管做什么事情，都风风火火的。你跟他说话，时间稍微长一点儿，他就不由自主地频繁看手表，好像在说"我很忙"。这种人因为执行力很强，一般也能成功。但他业务做得大，开销更大。究其原因，主要是因为他在工作上颠三倒四、毫无秩序。他经常很忙碌，忙到从来没时间整理自己的东西，即使有时间他也不知道该怎样去整理，所以他的办公桌简直就像"灾难现场"。

　　而另一种人，个性平静、祥和，做事周到、细致，看起来总是很悠闲的样子。无论你什么时候去打扰他，他都是一副彬彬有礼的样子。公司的职员们也总是寂静无声地埋头苦干，各种办公用品也都安放得有条不紊，各种事物都处理得妥妥当当。每天下班前，他都会整理自己的办公桌，并对重要信件及时予以回复。因此，尽管这种人的经营规模可能远大于第一种人，但从外表上完全看不出他有一丝一毫的慌乱。他做事有条理、讲求秩序的工作风格也影响到了他的员工，于是整个公司氛围都显得井井有条，一片生机盎然的景象。

工作没条理，又想"把蛋糕做大"的人，总感到人手不够。他们认为，只要聚齐足够多的人，就可以把事情办成。实际上，如果你做事没条理，就是给你再多的人你也做不好。因为你缺的不是人，而是如何使工作更有条理、更有效率。做事没有条理、没有秩序的人，无论做什么事都没有功效可言；而有条理、有秩序的人即使才能平庸，也往往能取得相当的成就。

要想在竞争激烈的职场上有所作为，"做事条理化"是必不可少的。甚至就连美国哈佛大学也把该项列为管理者必不可少的技能之一。因此，遇事别忙着去做，先想好如何做，往往会达到事半功倍的效果。比如你把最重要的任务安排在一天里工作效率最高的时间段里去做，就会发现自己好像毫不费力就完成了超出预期的工作。

从另一个角度看，做事有条理不但不会浪费时间，扰乱你的心神，反而还节省了时间，提高了做事效率。因为这是一种理性的做事信念，它包括对事情顺序的合理安排，对时间的严格分配等。比如家里来了客人，你要给客人泡茶，这牵扯到三件事：洗茶杯、找茶叶、烧开水。完成这一系列动作可以有三个次序：

找茶叶→洗茶杯→烧开水；

找茶叶→烧开水→洗茶杯；

洗茶杯→找茶叶→烧开水；

洗茶杯→烧开水→找茶叶；

烧开水→找茶叶→洗茶杯；

烧开水→洗茶杯→找茶叶；

我们都知道，烧开水远比找茶叶、洗茶杯需要的时间更多，我们完全可以在烧开水的时候，找茶叶、洗茶杯。显而易见，第一个和第三个最费时，最后两个效果最好。

泡茶只是一件小事，但一个人做事的先后顺序却能反映一个人的条理性。人的能力有限，可能终其一生也无法超越某些限度。但如果你能对工作统筹帷幄，尽量做到有计划、有条理、有秩序，至少可以将能力更大地发挥出来。

把最重要最紧急的事放在第一位

　　一位教授正在给即将毕业的学生上最后一次课。奇怪的是，这次的课程没有讲义，也没有PPT，只有一个大铁桶，旁边还有一堆拳头大小的石块。

　　教授一边把石块一一放进桶里，一边郑重其事地对同学们说："我能教给你们的都教了，现在我们做一个小实验。"当铁桶里的石块越来越多，再也装不下时，教授停了下来，然后问同学们，"现在，铁桶里是不是再也装不下任何东西了？"

　　"是。"同学们回答。

　　"你们确定吗？"教授问。然后，他从桌子下面拿出了一小桶碎石。他随手抓起一把碎石，放进已经装满石块的铁桶表面，然后慢慢摇晃，又抓起一把碎石……不一会儿，这一小桶碎石全部装进了铁桶里。

"现在铁桶里是不是再也装不下任何东西了？"教授又问。

"还……可以吧。"这次同学们变得很谨慎。

"嗯，还能再装一些！"教授一边说，一边从桌子底下拿出一小桶细沙，倒在铁桶上面。然后，教授轻轻摇晃铁桶。大约半分钟后，铁桶的表面就看不到细沙了。

"现在铁桶装满了吗？"教授继续问。

"还……没有。"同学们心里没底，声音也弱了很多。

"没错！"教授看起来很兴奋。这一次，他从桌子下面拿出的是一罐水。他慢慢地把水往铁桶里倒。很快，水罐里的水倒完了。教授抬起头，微笑着问同学们："这个小实验说明什么？"

一个学生马上站起来回答："它说明，不管你的日程表排得再满，你都能挤出时间做更多的事。"

"有点儿道理，但问题的关键之处还没有指出来。"教授顿了顿，继续说，"它告诉我们：如果不把石块先装进铁桶里，就再也没有机会装进去了。因为铁桶里早已装满了碎石、细沙和水。而当你把最重要最难装的石块装进去以后，你会发现铁桶里会有很多意想不到的空间可以用来装剩下的东西。希望同学们在以后的职业生涯中，能分清什么是石块，什么是碎石，什么是沙子，什么是水，并且总把石块放在第一位。"

每天都有许许多多的事情等着我们去做，如果不分主次地进行工作，那么到头来我们不仅"丢了西瓜"，还可能连"芝麻"也捡不到，白白浪费了一些本可以生出效益的时间。聪明的人，应该能够分清事情的轻重缓急，把最重要最紧急的事放在第一位才能提高自己的工作效率，继而让工作举重若轻。

秦石轩在一家大型企业担任总经理助理职务，刚入公司时，总经理向他详细介绍了公司的情况和现状，并交给他两件需要马上办理的事情：一是资金周转问题，二是员工的日常需要供给问题。

在大学念书时，秦石轩学的是金融专业，他自认筹集资金对自己不是什么难事儿，所以就把解决公司的资金周转问题放到了第一位。

这一举动，让公司的绝大多数员工都非常不满，因为秦石轩整天在各个部门之间跑来跑去说的都是资金周转的问题，几乎很少去处理员工的日常需要事务，而这些事务看似不起眼，却影响着公司的日常运作。

大家一片怨声载道，后来公司就派了一名代表到总经理那里建议，要么撤换掉现在的助理，要么让秦石轩改变自己先前的做法。总经理知道这个情况后，就对那名代表说："别担心，我相信它会帮你们把问题解决好的，但是要给他一段时间。"

过了不久，秦石轩终于把公司的资金周转问题彻底解决了，他这才把精力放在员工的日常供给上。虽然这件事他做得也很好，但大家对他的成见已深，很难逆转了，而这也严重影响了他在公司的人际关系。最后，他不得不离开了公司。

后来，秦石轩在总结这段经验教训时，深有感触地说：

"我之所以出现失误，就是因为没把总经理交代给我的事情分出主次，与上级、下属的沟通都不够。如果当时我把员工的实际问题放在最重要的位置，或许现在就是截然相反的结果，但现在一切为时已晚。"

在处理工作事时，一个重要原则就是一定要先做最重要最紧急的事。众所周知，我们的时间是有限的，很多人之所以每天忙忙碌碌却不见成绩，就是因为没有效率。他们把大量时间放在了那些相对来说可以缓一缓的事情上，却忘了更重要的事需要马上去做。

美国著名人类潜能导师史蒂芬·柯维博士曾经这样说："人类的重要任务就是将主要事务放在主要的位置上。"有的员工就是喜欢做工作中的"消防员"，他们总是扑来扑去，好像他们的工作就是"救火"。

办公室里响起的电话，同事的临时打扰，无聊的社交活动……这些事很琐碎，但非常占用时间，还在无形中降低了你的工作效率。如果你仔细观察，你会发现这种人通常都有一个不良习惯，那就是如果事情不是迫在眉睫，他们就不想动手去解决。而等到工作该完成的时候，他们就会变得手忙脚乱，反而效率更低。

高效率做事，就是要把注意力集中在那些重要而又紧急的事情上，这些工作可能会决定着你未来的发展，所以你最好投入精力认真去做。当然，在此之前，你需要弄清楚哪些是真正重要的，哪些是真正能让你获得更大收益的，并把这些事安排在日程表上最重要的位置。当你真正能够这样分配你的时间时，你会发现，尽管你的工作还是很忙碌，但不会再那么累了。

希望你能轻松地工作，轻松地活着。

你的执行力决定你的效率

在《财富》最近推出的全球最有影响力的商业人士名单中，埃克森·美孚石油公司董事会主席兼首席执行官李·雷蒙德排名第六。

有人说，李·雷蒙德是工业史上绝顶聪明的CEO之一，是继洛克菲勒之后最成功的石油公司总裁。之所以给他这么高的赞誉，是因为他不但让一家超级公司的股息连续二十一年不断攀升，而且还让它成为世界上最赚钱的公司之一。

李·雷蒙德的信条是决不拖延，有事情就尽快去执行。在他的影响下，这一信条已经成为他所在公司秉持的理念之一。埃克森·美孚石油公司一跃成为全球利润最高的公司，固然有埃克森公司和美孚公司共同携手的因素，但更重要的是它拥有一支执行力超强的员工队伍。在埃克森·美孚石油公司中，每位员工都清楚自己的职责是什么，在上司交代任务时，一般只有两句话："是的，我立刻去做！"和"对不起，这件事我干不了。"

这样迅速高效的执行力，怎能不成功？不考虑困难，不推卸责任，尽力去做、去尝试的人，往往能比别人获得更好的机会。

每个公司的管理制度、管理流程都八九不离十，但为什么公司与公司之间的差别会这么大呢？关键是执行力。执行力决定效率，执行力决定结果。

可是，即便是同样的执行力，为什么有人能脱颖而出，而有人却一辈子默默无闻呢？这是对执行力的深度发掘：你执行的效果彻不彻底。

执行力的前提，是服从。理解的要执行，不理解的也要执行。在执行中去理解，在理解中把事情做到位。明白了做不到，跟没有明白没什么不同，甚至还可能会更糟。所以，执行力成长的基础，就是理性地认识自己。对自己的执行力有正确的认知，标志着一个人成熟的开始。

执行是一种做事的方式，一种思维的方式，一种与人相处的方式。用执行的思维去做事，你不会在闹钟响起时还不穿衣服，在饭菜端到你面前时还埋怨饭菜不好吃而不吃饭，你不会看着房间乱成垃圾堆而不去收拾，你不会让女朋友在楼下苦苦等你三十分钟而你还在楼上磨蹭……用执行的思维去工作，你不会"做一天和尚撞一天钟"。

作为全球最大的网络设备公司，Cisco全球副总裁同样认为Cisco的成功在于执行力。只有执行力才能使企业创造出实质的价值，没有执行力，再大的梦想也是镜花水月，虚梦一场。没有执行力，领导者的所有安排都会成为一纸空文或一句空谈。无论是企业还是个人之间的竞争，其实比拼的就是执行力，谁的执行力高，谁的效率高，谁就能优先获胜。

《心灵鸡汤》的作者、演讲大师杰克·坎菲尔德曾经通过一个现场演示，很好地诠释了执行力的重要作用。

他拿出一张面额100美元的钞票，然后对他的听众说："这里有100美元，你们谁想得到它？"屋里大部分人都举起了手，但没有人行动。于是杰克·坎菲尔德又问了一句："有谁真的想得到这100美元？"下面一阵窃窃私语，大家都在议论杰克·坎菲尔德到底在干什么。过了一两分钟，有个年轻人从座位上站了起来，他走上前，等着杰克·坎菲尔德把这100美元递到他手上。可杰克·坎菲尔德并没有动。最后终于有人走过来，从他手里拿走了那100美元。杰克·坎菲尔德对听众说："拿走这100美元的人和其他人有什么不同吗？区别就在于，他离开了座位，并采取了实际行动。"即使天上掉钞票下来了，也需要你弯下腰去捡，不是吗？只有行动了，才有可能得到。只有认真有效地执行了，才能获得成功。比如上面这个例子中的两个人，第一个人也行动了，可行动得不彻底，他甚至都来到了杰克·坎菲尔德面前，却没有去拿那100美元。而第二个人径直上去，直接从杰克·坎菲尔德手里把100美元拿走了。这就是区别。

人与人之间的差距之所以越来越大，与执行力的高低有莫大关系。没有一个一鸣惊人的成功者，是个散漫、拖延的人。甚至可以说，正是执行力的强弱，才把5%的人塑造成了成功的人，而把剩下的95%的人变成了平庸的人。想到是一回事，做到更是一回事，执行力才是硬道理！

下面是心理学家为拖延症患者开出的一些列处方，里面清楚地写明了各种各样的情形供你选用，相信你看完之后会深受触动。现在，就开始行动吧：

找出令你倍感苦恼、习惯拖延的一个具体方面，然后去征服它；

凡事规定一个期限；

不要避重就轻；

不能因为追求十全十美而裹足不前；

认真把握眼前的五分钟；

现在就去做你之前一直推迟到事；

珍爱自己，不为将要做的事忧心忡忡；

认清现实，克服自己的恐惧心理，尽最大努力完成它。

不要总是因拖延时间而忧心忡忡，继而陷入惰性，努力把自己从惰性中解救出来，争取做投身于实际工作的实干家！你会发现，当你的执行力变强了，你的效率自然也就高了，继而你也就离成功不远了。

找对方法，比单纯努力更重要

小王经营着一家蛋糕店，因为这个行业本来竞争就很激烈，再加上选址失败的缘故，店里的生意一直很冷清。不到半年时间，他就觉得快撑不下去了。

有一天，一位女顾客上门说要给男朋友买一个生日蛋糕。小王照例问她想在蛋糕上写什么祝福语，没想到女顾客嗫嚅了半天才吞吞吐吐地说："我想写上'亲爱的，我爱你'。"原来她是想写一些很亲密的话，但是又不好意思让旁人知道，小王一下子明白了女顾客的心思。他按照女顾客的要求制作好蛋糕后，开始思索这句话背后的意义。他很快意识到这里面蕴含的商机：有这种想法的顾客肯定不止一个人，他何不多尝试些个性化的祝福语呢？温情而又别具一格的祝福语，总好过千篇一律的"生日快乐"！

于是，经过深思熟虑，小王决定再多买一些专门用来在蛋糕上写字的工具，给每位来买蛋糕的顾客都送上一支，这样顾客就可以自己写一些祝福语，即使是亲密话语，也不怕别人看到了。

没想到，这项服务一经推出，立马顾客盈门，接下来的一个月，营业额较之前增长了两倍，顾客纷纷夸赞小王的"写字的笔"真是妙极了！从此，店里的生意蒸蒸日上，客户量也奇迹般增长。小王非常高兴，趁热打铁，顺势又开了几家分店，生意越做越大。

人生路上，我们总会遇到这样那样的难题。与其唉声叹气，愁眉不展，不如开动脑筋找方法。方法合适了，问题自然也就迎刃而解了。

从前有个极度缺水的村庄，因为除了雨水没有其他水源，所以一旦蓄存的水源用完了，村里的人的生存都成问题。为了解决这个问题，村里人决定对外签署一份合同，以便每天有人把水送到村子里。

有两人愿意接受这份工作，一个是小张，一个是小李。村长把一模一样的合同同时给了两个人，合同上约定：多劳多得，谁送的水多，谁就拿更多的钱。

小张拿到合同后，立刻行动起来。他每天奔波于一公里之外的湖泊和村庄之间，用他的两只大水桶从湖中打水运回村庄，再把打来的水倒进由村民们集资修建的一个结实的大蓄水池中。

每天早晨，他都起得很早，因为他要在村民们起床用水之前，把蓄水池装满。因为他起早贪黑地努力工作，很快就挣到了不少钱，这让他非常高兴。尽管这项工作很辛苦，但小张还是很开心，并对自己能够拥有两份专营合同中的其中一份感到骄傲。别看这项工作毫不起眼，却不是谁想干就能干的呢！尤其是他的竞争对手小李还消失了，这就意味着他可以挣所有的水钱，不必跟别人同分一杯羹了。小李去哪儿了呢？原来他接到任务后，先是做了一份详细的商业企划书，并凭借这份企划书找到了四位投资商，他们和小李合伙开起了一家供水公司。

六个月后，当一切准备妥当，小李带着投资和施工队回到了村里。他们用了整整一年时间，修建好了一条从村庄直通湖泊的大容量的不锈钢管道。很快，这种运水方式因为方便、快捷，更受人们欢迎。小李看到人们纷纷对他竖起大拇指，仔细一想，觉得完全可以把这个好办法推广到其他村。于是，他重新拟定了一份商业计划，开始向全县乃至全省推销他的送水系统。由于这种送水管道容量大、成本低，速度又快，所以用他的水的人越来越多了。虽然每送出一吨水，他只挣五毛钱，但每天从他这里输送出去的水高达几万吨，这样算下来，也是一笔不小的收入。而且不管他是否工作，这些钱都将流入小李的腰包。

显而易见，小李开发的，不仅仅是使水流向村庄的管道，还是一个使成功流向自己的管道。从此以后，小李幸福地生活着，再不用为钱财发愁，而小张还在辛苦地干着以劳力送水的工作。

小王、小张和小李原本都是平凡的人，从他们三个人不同的际遇中不难看出，找对方法，比单纯努力更重要。当然，找对方法，也比单纯努力更困难。希望这两个小故事能帮到你，能让您在作出决策时，问清楚自己："我究竟是在运水还是在建管道？"希望您能在努力工作的同时，找到合适的方法。

分清轻重缓急，方能举重若轻

对于时间管理者来说，分清事情的轻重缓急，是他们必须要把握住的问题。如果分不清轻重缓急，做事就好没有计划，就有可能错失大好良机。就好像有的人，工作很勤勉，但却不出成绩。究其原因，就是缺乏洞悉事务轻重缓急的能力，做起事来总是毫无头绪。

美国史卡鲁大钢铁公司的总裁查鲁斯，以前也是一个不会取舍，一味追求面面俱到的人，结果导致很多事情都半途而废。为此，他感到很苦恼，便向效率研究专家艾伊贝·李请教解决这个问题的办法。李是这样给他建议的：

不要想把所有事情都做完；

手边的事情不一定是当下最重要的事；

每天下班前把你第二天要做的事情罗列出来，并按照事情的重要性一一排列；

　　如果当天罗列的事情没有做完，不用担心，只要最重要的事情已完成，其他的事情可以慢慢来。

　　最后，艾伊贝·李说："你就按照我说的这样每天重复去做，如果效果超过你的想象，你就吩咐你手下的员工也照着做。直到你满意时，你付给我一张你认为等值的支票即可。"

　　查鲁斯试了一段后，发现效果惊人。于是，他就要求下属也这样做。然后很快，他就给艾伊贝·李送去了一张价值2.5万美元的支票。

　　每个生活在社会中的人，每天都有很多事要做，如果过于追求完美就可能拘泥于小事而无法正视大事，结果往往本末倒置。所以，我们在做任何事时，都应该想清楚什么才是最重要的。

　　比尔·盖茨说："那些高效率的人，不管做什么事情，首先都用分清主次的方法来统筹做事。"关于这一点，他还专门归纳了三个判断标准：

1.清楚自己要做什么

　　这里包含两种意思，一是是否必须做，二是是否必须由自己做。非做不可，但不必自己亲自去做的事，可以委派别人去做。

2.明白什么能给自己最高的回报

　　所谓"最高的回报"，实际上指的是"目标要求"或自己会比别人干得更高效的事。最高回报的地方，即最有生产力的地方。这就要求我们必须辩证地看待"勤奋"。用80％的精力来做能给自己带来最高回报的事情，剩余的20％精力用来做其他事情。这里说的"勤奋"是指有效劳动，如果一个员工要靠加班加点来完成工作，那说明他可能不是很胜任这份工作。记住，成功只与一个人的有效劳动有关。

3.什么能给自己带来满足感

最高回报，未必就能给自己带来最大满足。无论你地位如何，总需要分配时间做令人满足和快乐的事情，只有在这种情况下，一个人才会觉得工作是有趣的，也比较容易保持工作热情。

相信通过上面三层的过滤，事情的轻重缓急就不难分辨了。注意，要按重要性优先顺序来排列，并坚持按这个原则去做。你将会发现，再也没有比这个更能有效利用时间的了。

有一个年轻的部门经理，工作总是抓不住重点。有一天，公司的业务员拿到了一笔订单请他处理。可这位经理却只顾着摆弄他办公室的那些摆设。他煞费苦心地在想：打字机应该在哪儿？垃圾桶应该在哪儿？桌子放在哪儿更合适？等他把这些琐碎的事情做完，这笔订单也黄了。一个至关重要的机会就这样白白浪费掉了。

很多时候，人们在处理事情时，不是按照习惯来处理，就是根据事情的紧迫性来处理，很少有人是根据事情的优先程度来处理的，这就让自己很被动。

时间管理的精髓就在于，分清轻重缓急，设定优先顺序。先做最重要的事，再做次要的事，从而更大限度地控制时间价值。别把大把时间浪费在毫无意义的事情上。

在人们的日常生活中，有些事情虽然不是眼前最急迫的事情，但却深居长远意义。比如锻炼身体，这不是个一下子就能看出结果的事情，但只要你长期坚持下来，一定会有深远的效益。在效率的管理上，一定要兼顾长远性和急迫性，要高度重视眼前看来虽不紧急但有深远影响的事务。这一法则，不仅提高了工作效率，也能让你在工作中举重若轻。

当然，要成为时间效率高手，不仅需要这样那样的管理法则，还要苦练"惩懒治拖"的本领。效率管理与情绪管理是相辅相成、彼此制约又共同发展的关系。

如果没有积极、兴奋的情绪，哪怕你掌握了再多的效率管理法则，也无济于事。对那些懒于奋斗、不求上进的人来说，又怎么能提高效率，成功地做好每一件事呢？

第四章

控制情绪：别让坏情绪害了你

法国人文主义思想家蒙田曾说："制怒这个武器有奇特效用。所有的武器都由人类使用，唯有这个武器是它在使用我们。"学会控制情绪不仅是一种人生修为，也是人在社会上生存、发展必不可少的一种能力。

别让坏情绪毁了你害了你

现实生活中，人们难免会遇到各种各样的问题，如紧张的人际关系、亲情的缺失、婚姻的受挫、孩子的教育、经济的拮据等，这些问题的发生都会让人不由自主地产生坏情绪，继而影响人们的生活。

那坏情绪都有哪些，又会给人带来什么样的危害呢？

长期郁郁寡欢，闷闷不乐，不仅会妨碍个人的正常心理功能，如记忆、思考、抉择等能力，还会影响人的社会功能，如上学、上班、家务、社交能力减弱，继而产生抑郁情绪，害人害己。

情绪的压抑、暴躁、恐惧和焦虑还会使人产生某种身心疾病，如高血压、糖尿病、冠心病、癌症等。而对于已经患上某种疾病的人来说，会进一步加剧生理功能紊乱，对疾病的抵抗力下降，加剧原有疾病的进一步恶化。

　　持续性的坏情绪往往会促使人寻求一些错误的应对方式，比如抽烟、酗酒，久而久之就会形成某种依赖，导致人格改变，智力下降，甚至产生自杀、恶意伤害等不良行为。

　　坏情绪不但影响自己的生活质量，还会影响身边的人的心情和生活，导致人际关系紧张，比如家庭矛盾或婚姻破裂，这对正在成长中的孩子来说，是非常不利的。如果放任坏情绪恣意蔓延，还会影响孩子的身心健康，导致其不良的行为或人格障碍。

　　坏情绪具有持续发展性，如果放任自流，还会诱导某些精神障碍的发生，如精神分裂症、情感障碍、强迫症、恐惧症、疑心病、痴呆等，给人们的工作、生活带来极大不便。

　　对此，我们一定要积极应对，养成健康的心态。心理健康是一种人生态度，只有以积极的眼光看待周围的人和事，才能感受世界的阳光与明媚。健康的心理是一个人正常学习、工作、交往、生活、发展的基本保证。一个人的坏情绪越多，他的成长和发展越会受影响，生活和事业自然也好不到哪里去。可如果真的产生了坏情绪，也不必惊慌，只要能找到合适的出口，就没什么大不了的。

　　当遇到困难、挫折时，我们可以通过转移注意力的方法来切断不良情绪，比如锻炼锻炼身体，写写日记、听听歌、旅旅游或是找朋友聊天之类的来加以宣泄，发挥自己的特长和兴趣爱好，把坏情绪转移到现实行为中去，以软化坏情绪的进一步蔓延。

　　俗话说，"笑一笑十年少，愁一愁白了头"，面对人生，不妨冷静地对待每一件事，把着眼点放在自己的事业上，创建新的工作和生活。要知道，快乐的情绪和健康的行为是人类身心健康的基石。

寿命研究专家指出：在一切不利的影响因素中，对寿命危害最大的，莫过于情绪的恶劣和心境的恶劣。那些忧虑、沮丧、怯懦、嫉妒和憎恨，除了给你原本糟糕的心情带来更多的"灾难"，丝毫不解决任何实际问题。

你肯定经历过这样的事，比如你某天或某段时间遇到了一件倒霉的事，很快，一系列倒霉的事都会接踵而至。相信我，你绝不是世界上最倒霉的那个人，我们或多或少都有过这样的经历。

小张早上上班的时候忘了带伞，结果正好赶上下雨，雨水打湿了他新买的皮鞋，连带着裤腿也沾上了泥巴。可能是天气恶劣的原因，当天的公交车也迟迟不来，等得小张心急火燎。要知道，如果迟到打不上卡，不但这个月的全勤奖没了，当天的工资也会被扣除。于是，小张决定打车，可下雨天打车的人比往常多一倍，每过来一辆空车，很快就有人抢先坐上走了。他努力几次都没有打上，万幸的是，这时公交车终于来了。他费尽九牛二虎才挤上车抢到一个座位，结果刚坐上就感觉屁股一片冰凉，原来座位上有水，他没注意到！小张憋了一肚子火：我的毛料西裤啊，我还没怎么穿过呢！这该死的鬼天气！

紧赶慢赶，终于赶到了办公室，万幸的是没有迟到。可他刚坐到自己的工位上，同事小李就告诉他，昨天他提交的文案没有通过，领导批复：退回重改。什么？重改？说得轻松，那可是他熬了几天几夜好不容易做出来的方案，就这么轻飘飘一句就被全部否决了？小张是又委屈又生气，就随手扔在一边，一天下来连看都不想看。

终于熬到下班，外面还在下雨。小张的精神还是萎靡不振，他突然想起昨天给女朋友说过今天晚上要一起吃饭，现在还没有确定好见面地点，她一定该发脾气了。于是赶紧打电话过去，通了，但没人接，一直到他打第十遍的时候，那边才传来女朋友怒吼的声音："你看看现在都几点了？你脑子进水了吗？我不去了，你自己吃去吧！"说罢，根本不给小张辩驳的机会，"啪"的一声，就把电话挂了。小张这一肚子气啊，简直想在大街上吼几声。

就这样，坏情绪一直缠绕了小张一天，搞得他疲惫不堪。心理学家说："当一个人遇到开心事时，下丘脑会分泌一种叫'去甲肾上腺素'的物质，这种物质会让你的心情越来越兴奋；而当一个人处于坏情绪时，下丘脑会自动分泌一种叫'多巴胺'的物质，这种物质会让你的情绪越来越糟糕。"因此，一旦坏情绪苗头出现，我们就应该立即把它扼杀掉，千万不能任其肆意发展，否则我们的情绪就会越来越糟糕。这种坏情绪，不但会对我们的身心造成不良的影响，还可能影响我们人生的规划，让我们错失机会，继而造成更严重的后果。

管好情绪，比做好事情更费心

　　生活中，我们经常会面对各种诱惑、困境、烦恼和焦虑，这些负面情绪不但会影响我们的心情，还会给我们的工作带来困扰。这时候，就需要控制自己的思想，并对思想中产生的各种情绪保持高度警觉性，因为管理情绪，比做好事情更费心。心态乐观、积极会增强你的信心和弹性，而悲观、仇恨则会使你失去宽容和正义。如果你没有办法控制自己的情绪，那你就有可能被你的情绪所害。

　　一个人的情绪反映着他对事物最基本、最简单、最直观的情感。一般情况下，这种情感只着眼于主体的自尊和利益，而不做复杂分析，或是深远的考虑，于是，这就容易把自己放在不利的位置上而受到伤害或是被他人所利用。设想一下，明明情感距离智谋已经很远了，情绪更是情感最表面的部分、最浮躁的部分，你却以情绪做事，还能有理智吗？没有理智，能成功吗？显而易见，肯定是不会成功的。

话虽如此，但在实际的工作、生活中，我们还是常常任由情绪摆布，头脑一发热，什么蠢事、过激的事都有可能做，做得出来。比如，我们完全有可能因为一句原本跟我们没什么利害关系的事情，而跟人争执起来或是打起来，甚至赔上性命也是有可能的（俄国诗人普希金、莱蒙托夫皆是因为与人决斗而死，便是此类情绪所为）；又比如，因为别人给我们的一点儿假仁假义，而一时心软犯下大错（西楚霸王项羽在鸿门宴上不听范增建议，放走了刘邦，错失一招制胜的良机，最终痛失天下，便是这种妇人之仁的情绪所为）。因为烦躁、懊恼、不理智等不良情绪的滋生而犯下的过失，小则误人误己误事，大则失国失天下。而事后冷静下来想想，自己也会觉得完全没有必要，可当时就非要那么干不可，好像只有那样自己心里才痛快一些。之所以会有这种情绪的躁动和亢奋，都是因为人的心智一时被蒙蔽了。

实际上，这种情绪就是你当下心态的真实反映，此时的你完全被这些坏情绪掌控。如果你能战胜情绪，控制住思想，说不定就是另一番人生。

楚汉之争正进行得如火如荼的胶着状态时，项羽把刘邦的父亲五花大绑陈于阵前，扬言如果刘邦不投降就把他的父亲剁成肉泥，煮成肉羹而食。项羽以为刘邦在父子之情和人伦天理的压力下，一定会认输求和。没想到，刘邦完全没有被亲情所牵制，反而以智慧促使项羽放了自己的父亲。他说："你我早些年曾经结为兄弟，也就是说，我的父亲也是你的父亲，如果你愿意把自己的父亲剁成肉泥煮成肉羹，我自然也不反对，甚至还可以跟你共享一杯。"项羽拿自己的父亲来胁迫自己投降，刘邦能不震怒吗？但他没有被愤怒所蒙蔽，而是晓之以情，动之以理，用兄弟大义击败了项羽的情感防线，救出了自己的父亲。对项羽来说，刘邦的超然心境和不凡举动，是他始料未及的，以致无策回应，只好草草收回成命。

三国时，诸葛亮和司马懿在祁山交战。诸葛亮千里劳师动众欲速战速决，司马懿则以逸待劳，坚壁不出，欲空耗诸葛亮士气，然后伺机求胜。面对司马懿的闭门不战，诸葛亮也是无计可施，最后只好想出一招——送一套女装给司马懿，借此羞辱他如果再不应战就是小女子是也。

要知道，古代是男权社会，男为天，女为地，尤其是军旅之中，男人更被视为尊。所以，即便是普通人，也接受不了这种羞辱，何况是位高权重的司马大人呢？可也正因为他是司马懿，愣是落落大方地接受了女儿装，并一如既往地淡定，坚壁不出。这让诸葛亮很郁闷，但又无计可施。

因为情绪管理不善而误人误己误事的情况，数不胜数。心性敏感、头脑简单的人，最爱受情绪支配，头脑一发热，就做错事，做傻事。

记住，情绪成就一切。

只有管理好管理，才能做好事。而管理好情绪，比做好事更费心，也更重要。

如果你正在努力控制情绪，可准备一张图表，写下你每天情绪发生波动并控制它的次数，这种方法可使你了解情绪发作的频繁性和它带给你的力量。一旦你发现有刺激情绪波动的因素存在，可立即采取行动除掉这些因素，或把它们找出来充分利用。

将追求成功的欲望，转变成一股强烈的执着意念，并着眼于目标的实现，这是使你学会控制情绪的两个基本条件。在这两个基本条件之间，要有相辅相成的关系，当其中一个条件获得进展时，另一个条件也会随之发生改变。

工作本身是不累的，管理好情绪才累。

小心抑郁这个"隐形杀手"

抑郁是一种消极的心理状态，是对事物的一种悲观的看法。这种看法足以破坏欢乐，毁掉幸福，而由此表现出的焦虑、恐惧和不满，也往往使人不能准确地判断现实。很多人都或多或少有一些抑郁的情绪，既然无法回避，不如面对现实想办法掌控它。因此，我们需要认真看待抑郁，看看能从抑郁中学到什么东西，判断还有哪些方面需要我们进行重新塑造。

面对抑郁，我们应该怎么办呢？有一种办法可以征服抑郁，那就是让自己忙起来。忙是治疗一切坏情绪的良药。

在第二次世界大战时，一对夫妇的儿子在珍珠港事变的第二天参加了陆军。那位夫人因为每天担心儿子的生命安全几乎到了抑郁成疾的地步。

后来她通过让自己忙起来，克服了这种抑郁。最初她把女佣辞退，想让自己忙家务，可是忙家务根本不用脑子，在她洗盘子、擦地板时还是担忧。所以她就到一个大百货公司去做售货员，这才真正地忙碌起来。顾客挤在她四周，问价钱、尺寸、颜色等问题，没有一秒钟让她去想儿子的事情。毕竟她年龄大了，忙了一整天，到了晚上，就只想让自己的双脚好好休息一下。吃完晚饭，倒头便睡，没有时间和精力再去抑郁。

每个想要取得成功的人都会因前进道路上的各种问题而抑郁，但是，只有那些对付抑郁越来越得心应手的人才会取得非凡的成就。

查尔斯·柯特林在发明汽车自动点火器时也是一样的忙碌，没有时间去抑郁。

柯特林先生一直是通用公司的副总裁，负责世界知名的通用汽车研究工作，可是当年他却穷得要用谷仓里堆稻草的地方做实验室。家里的开销全靠他妻子教钢琴的1500美元酬金来维持。他妻子在那段时间很抑郁，担心得睡不着觉。可是柯特林先生一点儿也不担心，他整天埋头工作，没有时间抑郁。

如果一个人的思维空间全部被抑郁情绪占据，那他难免会被拖累，这个"隐形杀手"不但会影响他的生活，给他周围的人带来烦恼，还会成为他成功路上的绊脚石。

某机关一个小公务员一直过着安分守己的日子。有一天，他忽然得到通知，一位从未听说过的远房亲戚在国外死去，临终前指定他为遗产继承人。

那是一个价值千万的珠宝店。小公务员欣喜若狂，开始忙碌着为出国做各种准备。可等到一切就绪，即将动身之际，他又被告知，珠宝店所在的街区发生了火灾，灾祸祸及到那个珠宝店，里面的珠宝全都被烧毁了。

小公务员空欢喜一场，重返机关上班。自此，他像变了一个人，整日愁眉不展，逢人便说自己的不幸。

"那可是一笔很大的财产啊，我一辈子的薪水还不及它的零头呢！"他说。

"你不是和从前一样，什么也没有丢失吗？"他的一个同事问道。

"这么大一笔财产，怎么能说什么也没有丢失呢？"小公务员心疼地叫起来。

"可这笔财产原本就不在你的人生规划之内啊。就算丢失了，对你个人也没有什么损失啊！"这个人不理解小公务员为何如此想不开，在他眼里，这种意外之财，难道不应该是"得之大幸，失之无谓"吗？

然而，小公务员却抑郁成疾，不久以后，竟然死掉了。

这个故事的确有些戏剧性，但它告诉了我们一个道理：心态很重要，没有好的心态，即使遇见好事，也可能变成横祸。抑郁并不可怕，但如果你放纵它，并沉溺其中，就有可能给你带来更大的麻烦。

很多时候，我们并不需要学更多的东西，而只需要把那些妨碍我们不断向前发展的态度和想法彻底铲除就可以了。其中，最难铲除的就是抑郁。如果我们内心深处感到抑郁，我们的生活就会为抑郁所困扰，我们的行为也会为抑郁所拖累。所以我们要清除思想中的不安，克制内心的抑郁。凡事看开点，不仅能帮助我们平安度过坏运气，还能享受好运气。

记住，别让抑郁这个"隐形杀手"毁了你。

控制愤怒，因为它灼伤的只有你

人遇到不开心的事，难免会郁闷、生气，情绪一上来，甚至还可能大发雷霆。喜怒哀乐，这本是人之常情，无可非议。但如果不适当地控制一下自己的情绪，盛怒之下，就很容易做傻事、蠢事。发怒使人看不清真相，而世界上很少有因为愤怒就能把矛盾和问题解决的；相反，常常会因为愤怒把事情搞得更僵、更糟。本来有理，反而变成了没理；本来小事，结果闹成了大事，甚至不可收拾，过后，悔之晚矣。要想掌控你的情绪，就要适时浇灭你的怒火，心平气和找到最佳方案。

《内经》说："百病生于气也""怒则气上，上气则伤脏；脏伤则病起。"愤怒时，哪怕是一件再平常不过的小事，也可能活活气死一个大活人。

在《三国演义》中，魏主曹睿封76岁的王朗为军师对阵蜀兵。本想"只用一席话，管教诸葛亮拱手而降，蜀兵不战而退"的王朗，结果却被诸葛亮轻摇三寸之舌，给活活气死。诸葛亮三气周瑜，周瑜在恼恨、暴怒之下，口吐鲜血而亡的故事更是人人皆知。人之所以会被"气"死，这是因为当人发怒时，会出现心跳过速，特别是有高血压、心脏病的人，往往会因为发怒而引起心律失常，或是发生心肌梗死而导致残疾。

近代科学研究证明：暴怒能击溃人体生物化学保护机制，使人抵抗力下降，而为疾病所侵袭。怒气犹如人体中的一枚定时炸弹，随时都可酿成大祸。

2002年11月22日早上7时左右，四川绵阳平政小区居民李某开车出门时发现路被挖断。车辆无法通行，李某遂对正在沟槽上搭建临时通行钢桥的施工人员发脾气，最后竟然一时火起，情绪失控，抱起一块石头朝沟槽内砸去。只见"砰"的一声，李某抛出的石头砸在了主供水管道上，水管当场被砸漏，自来水立即喷涌而出，吓得沟槽周围的人四散逃离。半小时后，沟槽就被漏出的自来水淹没，整个小区200余户居民和小区周围的数百户居民瞬间无水可用。由于断水事故发生在早上，平政小区和周围的许多居民早餐断炊，无法洗脸刷牙；而且正值冬天，抢修人员几乎是在冰冷的泥水里浸泡着。这个疯狂的举动真是害人不浅。事后，被请进警局的彭某说自己很后悔。

很多人也许没有经历过愤怒到极点的体验，那恰似火山爆发的急剧喷发感，人自身无法阻挡，但他们事后总会后悔。当你的生气破坏与伤害足够严重时，我们说，那就是你的罪。

　　你没有理由着急生气，你却任意使性子，你就是在犯罪；如果你破口骂人，动手打人，那就更严重了。你当尊重别人的人格，就如同你愿意别人尊重你一样。没有正当理由，你就没有权力向人动怒。如果是有权位的人，那你就是利用权威，犯渎职之罪。

　　罪过是不可饶恕的，因此我们有必要时时劝诫自己要控制自己的愤怒，因为它灼伤的最终只有你自己。清人石成金有首《莫恼歌》："莫要恼，莫要恼，烦恼之人容易老。世间万事怎能全，可叹痴人愁不了。任何富贵与王侯，年年处处埋荒草。放着快活不会享，何苦自己寻烦恼。莫要恼，莫要恼，明日阴阳尚难保。双亲膝下俱承欢，一家大小都和好。粗布衣，菜饭饱，这个快活哪里讨。富贵荣华眼前花，何苦自己讨烦恼。"

　　其实愤怒是一种很常见的情绪，特别是年轻人，比如血气方刚的小伙子。他们往往三两句话不对，或为了一点芝麻绿豆大的事情就大打出手，造成十分严重的后果。

　　到底该怎样正确地表达愤怒，既提高我们的自尊感，又能不影响事物的发展呢？

　　制服愤怒的重点在于理清愤怒来源，有效表达它。只要我们肯下功夫学会制怒的正确方法，他人肯定会对我们的道德、修养以及理智、大度出自内心的佩服。那时，我们自会达到"风平而后浪静，浪静而后水清，水清而后游鱼可数＂的全新境界。

具体说来，就是要明白以下几点：

认清自己想通过愤怒来达到什么目的；

不要把愤怒发泄在无辜的人身上；

不用愤怒弥补自己受伤的自尊心；

正视愤怒的根源，对自己的愤怒负责；

真诚、负责地表达自己的愤怒，而不是单纯地用暴力表达不满；

站在"肇事者"的角度想问题，对事不对人，学会宽恕；

吸取教训，勇于认错；

找出获得爱和快乐的办法，对自己要有信心。

愤怒犹如火山爆发，让人变得毫无宽恕能力，甚至不可理喻，思想上总是围绕着要发泄自己的不满打转，根本不计任何后果。这样不但破坏了人际关系，也毁坏了自己。因此及时地浇灭愤怒之火，是自我保全的有效手段。而平息怒火，就要学会转移注意力，或考虑愤怒之后的后果自己是否承受得住。

愤怒是人的最大破坏冲动。在情绪无法控制时，不妨使两个愤怒争吵的人暂时先分开一下，有利于浇灭愤怒之火。事实上，如果能在发火之前投入缓和及冷却的因素，是可以完全浇灭怒火的。不要等事后再对自己的愤怒行为追悔莫及，发怒之前先在心里从1数到10。时刻牢记，愤怒只能发泄情绪，并不能解决问题，到最后灼伤的还可能是你自己。

化怨气为动力，用傲人成绩说话

经常会听到一些人埋怨自己的时运不济，命运不公。评价别人的成功，也总是一味强调人家"运气好"。事实上，机会对每一个人来说都是平等的。在职场打拼，不错过每一个展现自己的机会，才能使自己得到别人的认可和赏识。

在人才辈出、竞争日趋激烈的情况下，机会一般来说是不会自动来找你的。只有你自己敢于展示自己，让别人认识你，吸引别人的眼球，才可能寻找到机会。

小蔡是合资公司的白领，觉得自己才华横溢却没有得到上司的赏识，于是总是这样想：如果有一天，能见到老板，有机会展示一下自己就好了。

小蔡的同事小李，也有类似的想法，但是他比小蔡更加积极一些，他私底下悄悄打听老板上下班的时间，算好老板大约会在何时坐电梯，他便也在这个时候去坐电梯，希望能遇到老板，有机会可以和他打个招呼。

而他们的同事小刘则更善于制造机会和把握机会，他详细地了解了老板的奋斗经历，弄清了老板毕业的学校、人际关系、关心的问题，精心设计几句简洁明快却有分量的开场白，找好时间去乘电梯，跟老板打过几次招呼后，终于有机会跟老板进行了一次深入的谈话，不久就争取到了理想的职位。

愚者错失机会，智者善于抓住机会，成功者创造机会。机会对每个人来说都是平等的。但机会总是肯垂青那些有准备的人。要想在职场取得成功，就要抓住每一个展现自己的机会。只有善于掌控机会，才会更加容易成功。反之，即使机会给了你，你抓不住也是枉然。

玛丽是一所名牌大学的研究生，毕业后就进了一家大公司。在与她同期进来的同事中，她的学历是最高的，学校也是最知名的。为此，她很有优越感。

当领导分配她做最基础的工作时，她总觉得这是大材小用。一次结算时，她把一笔投资存款的利息重复计算了两次，虽然最终没有给公司造成实际损失，但整个公司的财务计划却被打乱了。

事后，她却觉得不过是小事一桩，下次注意就是了。

但是后来，交代给她的事情经常是大错没有，小错不断。她的这种工作态度让主管很不放心，以后再有什么重要的活，主管总找借口把她"晾"在一边，不再让她参与了。没过多久，这位名牌大学毕业的高材生就走上了重新应聘的路。

不要总觉得自己是怀才不遇或者是大材小用。首先你要认清自己的才能到底怎样，然后再给自己一个准确定位。与其抱怨别人不给你机会，不如用傲人成绩说话。

有一位留学美国的计算机博士，毕业后在美国找工作，结果接连碰壁，很多公司都将这位博士拒之门外。他们是这样说的：像您这么高的学历，这么吃香的专业，怎么可能甘心屈就在我们这里呢？虽然这些负责招聘的人事专员把话说得很漂亮，但他们真正的意思是觉得他一定不怎么样吧，不然谁会拒绝一个优秀的员工加入到自己的团队呢？

万般无奈之下，博士决定换一种方法试试。他收起了所有的学位证明，以一种相对较低的身份去应聘。不久他就被一家电脑公司录用，成为一名基层的程序录入员。这是一份稍有学历的人都不愿意去干的工作，而这位博士却干得兢兢业业，一丝不苟。

上司很快就发现了他的出众才华：毫不起眼的他居然能看出程序中的错误，这绝非是一般录入人员所能做到的。当老板向他询问其中的缘由时，他才亮出自己的学士证书，于是老板马上给他调换了一个与本科毕业生对口的工作。过了一段时间，老板发现他在新的岗位上游刃有余，还能提出不少有价值的建议，这比一般的大学生高明多了，这时他又亮出了自己的硕士身份，老板再次马上提升了他。

　　有了前两次的经验，老板开始重点关注他，发现他在专业知识的广度与深度方面的认知都非普通硕士生可比，就再次找他谈话。这时他才拿出博士学位证明，并叙述了自己这样做的原因。此时老板才恍然大悟，于是毫不犹豫地重用了他。

　　这位博士无疑是聪明的，他敢于放下身份与架子，甚至让别人看低自己，然后在实际工作中一次次地展现自己的才华，让别人一次一次地对自己刮目相看，他的形象逐渐高大起来。

　　如果总是感叹自己"大材小用"，那么抱怨会让你的生活更加糟糕，你会更看不到生活中美好的东西。这样只会消磨你的志气，继而成为你成功进取的致命弱点。

　　即使你真的遭遇了不公平的待遇，自怨自艾也绝对不是解决问题的办法。靠你的实力证明自己吧，没有人可以阻止你成功。当你的成就有目共睹的时候，就没有什么能够阻挡你前进的脚步了。

面对竞争，你要内心强大

当今社会，无论在职场，还是在商场，几乎每个人都会遭遇竞争的压力。能否在竞争中胜出，主要取决于你自身竞争力的强弱。竞争力强的一方，自然能占据优势，夺得胜利；而竞争力弱的一方，只能甘拜下风，被淘汰出局。

逆水行舟，不进则退。

现实不同情弱者，市场不相信眼泪。

在残酷的竞争面前，只有不断提高自身各方面的能力，才能增强自身的竞争力，才能在与对手过招时占据先机，稳操胜券。

不要畏惧或厌恨对手，其实对手是让你变得更加成熟、更加完美的人。你应当感谢一个个给你带来麻烦甚至是痛苦的竞争对手，因为只有这样，你才能在成功的道路上走得更长、更远。

一位优秀的搏击高手参加比赛，自负地以为一定可以夺得冠军，却不料在最后的竞赛上，遇到一个实力相当的对手。双方皆竭尽了全力出招攻击，搏击高手逐渐感觉到自己即将落于下风，因为对方的攻击总是能突破他的防守，而他竟然找不到对方招式中的破绽，只能疲于应战，却无力反击。后来，他体力不支，最终落败。

比赛结束后，他愤愤不平地回去找他的师父，在师父面前，他将对方和他对打的过程一招一式地演练给师父，央求师父帮他找出对方招式中的破绽。

师父看完以后，并没有说什么，而是在地上画了一道线，要他在不擦掉这条线的情况下，设法让这条线变短。

搏击高手看着地上的线，百思不得其解，最后还是放弃思考，继续请教师父。

师父并没有直接作答，而是在原先那条线的旁边，又画了一道更长的线，两者相较之下，原先的那条线顿时变短了许多。

然后，师父开口道："正如地上的长短线一样，夺得冠军的重点，并不在于如何攻击对方的弱点，而是要使自己变得更强，等你变成更长的那条线时，对方自然就如原先那条短线变得弱了。"

"物竞天择，适者生存。"这是大自然的法则。那些所谓的成功人士，也并不是天生的强者，他们的竞争意识与自我创新能力也并非与生俱来，而是通过后天的努力而成。他们也是通过学习和拼搏，才在不断的竞争中逐渐脱颖而出，成为各个领域的佼佼者的。

从香港渔村南丫岛闯到好莱坞的国际影星周润发，曾从事过不少现在年轻人嗤之以鼻的工作，他以亲身经历向年轻人证明：职业无分贵贱，要学习适应逆境。

周润发说："工作无分贵贱。我做过电子厂的信差、门童与杂工，日薪8元我都做过。电视台第一份合约月薪500元，第二年700元，最红时拍电视剧《狂潮》，月薪也只是700元。那又怎么样？有工作寄托起码有奋斗心，不要说'贡献社会'那么伟大，但可以证明自己的存在价值。工作是人生经历，我的工作经历对演艺生涯十分有帮助，每个行业的人都要靠经验摸索成长。"

当然，也不要因为太弱小而不敢与人竞争，不敢轻易创新。无论强者、弱者都有一套适应自然法则的本领，只要你认真生活，不过分在意自己的强大与弱小，就一定能找到适合自己的位置。只要你充分发挥自己的优势，自然会在你擅长的领域游刃有余，到那时，你的优势会弥补你的不足，你定能获得别人也许苦苦求索也无法得到的东西。

实际上，现代社会也的确需要竞争。一个人只有在竞争对手的威慑下，才能谨小慎微，审视自身的缺点，修正和少犯许多错误；相反，如果没有竞争对手，就会少了很多危机感。一个人如果整天都是悠闲自在地过日子，按着既定的节奏重复着昨日的故事，是很难做出新成绩，那最终被淘汰也就是情理之中的事了。

狭路相逢，勇者胜。

面对竞争，一定要鼓足勇气，奋力拼搏，只有这样才能拥有生机，突破重围，笑傲人生，高奏胜利凯歌！

别为难自己，你已经很棒了

有天早晨，一位园丁到花园里打扫的时候，发现园中的花草树木不是凋谢就是枯萎了，一片衰败景象。这让他非常诧异，于是他就问花园门口的一棵橡树："这到底是怎么回事？"

橡树告诉园丁，它觉得自己不像松树那样高大挺拔，感觉了无生趣，所以不想活了；松树怨恨自己不能像葡萄藤那样结果子，所以也很沮丧；而葡萄藤呢，它觉得自己终日匍匐在地，不能像桃树那样绽放美丽的花朵，所以也不开心；牵牛花同样很苦恼，因为它怎么看都觉得自己没有紫丁香那样芬芳……其他的花草树木也各有自己不如意的理由，所以都垂头丧气的。

只有一棵小草依旧迎风飘扬着，园丁看它像往常一样青葱可爱，就问它："为什么你不沮丧？"

小草说："因为我对自己能力之外的事没有过多的期待啊！"

"怎么说？"园丁继续问。

"你看啊，为什么你会种植橡树、松树、葡萄糖、桃花，或牵牛花、紫丁香呢，那是因为你需要它们所以才去栽种它们；当然，这并不是说，你完全不需要我，但很明显，我在园中的地位并不是很重要。所以，无论发生什么情况，我都不会灰心，不会失望。我只要每天开开心心地吸收阳光雨露，快乐成长就好了。"小草解释得很清楚。

这个富有哲理的故事说明了什么道理呢？世界上没有十全十美的事物，也没有完全一样的东西。那么，作为万物之灵的人类，又怎么可能十全十美呢？你说你成绩很差，可你跳舞很棒啊；你说你太笨了，可你心地善良；你说你数理化不好，可你的作文写得很好；你说你长得太普通了，可你性格好、人缘好啊……别为难自己，你已经很棒了。

只要仔细观察身边的人，你就会发现，即使再优秀的人，也有他的缺点和遗憾；即使再平庸的人，也有他的优点和不平凡之处。所谓"尺有所短，寸有所长"大概就是这个道理。

不要像花园中的橡树、松树、葡萄藤、桃树，牵牛花、紫丁香那样拿自己的短处与别人的长处比，那只会徒增烦恼罢了。

　　虽然追求完美是人的天性，但现实生活却常常是不完美居多。如果总以幻想中的"完美"来要求自己，那就永远活在悲观的沼泽地里。

　　实际上，从心理学角度来讲，"完美主义"是一种对完美过分追求的乌托邦式的假想。具有完美主义倾向的人往往不愿意接受自己或他人的弱点和不足，非常挑剔。

　　一位才思敏捷的牧师对公众做了一场精彩的演讲，最后他以肯定自我价值作为结尾，强调每个人都是从天而降的天使，每个人都是上帝眷顾的宝贝。所以，他希望活在这个世上的每个人都要用好上帝给予的独特恩赐，发挥自己最大的能力。

　　可有人不服气了，他站起来，指着自己的塌鼻子，说道："如果像你所说，人是从天而降的天使，那么请问有哪个完美的天使长着塌鼻子呢？"

　　另一位嫌自己腿短的女子也起身表示同样的意见，认为自己的短腿不是上帝完美的创造。

　　这时，牧师轻松而自信地回答："上帝的创造是完美的，你们俩也确实是从天而降的天使，只不过……"他指了指那名塌鼻子的男子，话锋一转，"你降落到地上时，是鼻子先着地罢了。"然后，牧师又指着那位嫌自己腿短的女子说："而你，虽然脚先着地了，却在从天而降的过程中，忘了打开降落伞。"

　　俗话说："人无完人，金无足赤。"说的正是这个道理。

人生在世，每个人都会有这样那样的缺憾，即使是中国古代的四大美女，也有各自的不足之处。真正完美的人，生活中是不存在的。所以，不要事事都想成功，也不要每一件事都力求完美，别为难自己，你已经很棒了。

人生下来不单单是为了工作，更是为了生活，无论多么忙碌，都要给自己预留出放松的时间。在这段休闲时光中，你可以约三五好友开怀畅饮，可以找人倾诉，可以缓缓地散步，可以哼一段小曲、听一首歌、看一场电影……学会减压，才会更加懂得如何生活。学会接纳自己的不完美，方能体会生命的美好。

做好自己的情绪调剂师

生活中大多数人都有过受累于情绪的经历，似乎烦恼、压抑、失落甚至痛苦总是接二连三地袭来，于是不由得让人心生怨愤，觉得生活好像专门跟自己作对似的，对自己不公。实际上生活本来就是"酸甜苦辣咸"五味俱全，想让自己的生活不出现一点儿烦心事是绝不可能的，关键是如何有效地调整自己的情绪，做情绪的主人。

古人云："胜不骄，败不馁。"面对成功，我们切忌得意忘形；面对失败，我们也不必灰心丧气。尤其是当你因不愉快的事情而情绪不佳时，不妨试试转移自己的注意力。

有位老和尚骑着毛驴和小和尚一起去化缘。上坡时，无论小和尚怎么使劲拉，驴都不肯往前挪动脚步，这让小和尚很生气。于是他就高高举起鞭子，准备抽毛驴一鞭子。

　　老和尚看到了，连忙阻止他，老和尚说："停！当驴闹脾气时，是不能拿鞭子抽它的，那样只会让情况变得更糟。"

　　小和尚不解地说："那该怎么办呢？"

　　老和尚说："你可以从地上抓一把泥土，塞进它嘴里。"

　　于是小和尚就随手抓起一把泥土塞到了驴嘴里，驴很快就把满嘴的泥沙吐个干净。而且，还迈开步子向前走了。

　　小和尚觉得很神奇，就问老和尚："师父，为什么驴吃了泥土，就会乖乖地往前走呢？

　　老和尚笑着说："因为驴忙着处理嘴里的泥沙，忘了自己刚才在生气的事啊！所以它自然就会继续朝前走喽！"

　　小和尚听完后，恍然大悟：原来还能用转移注意力的方法转移情绪呢，那以后如果再惹师父生气的话，是不是也可以用这种办法呢？想到这里，小和尚开心地笑了，赶驴赶得也越发有劲了。

　　有些人一直认为自己不快乐，就是因为他们固执地让自己沉浸在不开心的情绪里不肯离开。那样除了折磨自己的身心之外，毫无益处。

　　南唐后主李煜被俘后，赋词曰：

　　往事只堪哀，对景难排。

　　秋风庭院藓侵阶。

　　一任珠帘闲不卷，终日谁来！

　　金剑已沉埋，壮气蒿莱。

晚凉天净月华开。

想得玉楼瑶殿影，空照秦淮。

像他这样留恋逝去的荣华，死盯住自己不幸的际遇不放，哪能不被沉重的痛苦情绪所压倒呢？

生命的艺术舞台就像一出悲喜剧，如果你选择喜剧，终有一天，你会赢得人生的大奖；如果你选择悲剧，很可能早早就被驱逐出了艺术的殿堂。

选择喜剧，就要笑面人生，即使生活中遇到再多的困难，再大的压力，也要笑脸相待，不能稍有不顺便眉头紧皱，摆臭脸。选择悲剧的人，整天愁眉苦脸，看什么都不顺眼，甚至要寻死觅活，像这种生活的懦夫，他自己都放弃自己了，别人即使有心帮他也是无能为力。

所以，问题的关键还在于我们自己。

如果当下的困境我们自己实在无力排解，不妨找关系亲密的好友倾诉一番，压抑的心境一旦得到缓解和减轻，原本郁闷的心情自然而然就会恢复正常，如果能得到朋友的情感支持和良好建议，说不定问题自动迎刃而解了呢。所谓"车到山前必有路，柳暗花明又一村"，想必说的就是这种情形。所以，要善于转移注意力，学会转移注意力。做好自己的情绪调剂师，说不定转角就遇到"爱"了呢？

如果说你朋友少或是不想与人倾诉，也可以向大自然转移，你可以去郊游、爬山、游泳或在无人的地方高声大喊、痛骂等，也可以积极参加各种活动，让自己忙起来。

网上有个段子说，"忙是治愈一切神经病的良药。"这句话听起来有些绝对，但的确有几分道理。如果一个人的行程表安排得密密匝匝，他根本没有时间闹情绪。

遇到让自己不开心的事，学会转移注意力，做好自己的情绪调剂师比什么都重要。好情绪不仅可以愉悦自己，还能愉悦他人。坏情绪也一样，同样具有传染性，你的不开心也会影响别人的心情。

人生很多不必要忧愁的事情，其实事后回想起来，大多数都是自寻烦恼。只要你放得下，想得开，又有什么大不了的呢？

台湾作家吴淡如说得好：好像要到某种年纪，在拥有某些东西之后，你才能够悟到，你建构的人生像一栋华美的大厦，但只有硬件，里面水管失修，配备不足，墙壁剥落，又很难找出原因来整修，除非你把整栋房子拆掉。你又舍不得拆掉。那是一生的心血，拆掉了，所有的人会不知道你是谁，你也很可能会不知道自己是谁。

仔细咀嚼这段话，其中的味道，我辈不就是因为"舍不得"吗？

很多时候，我们舍不得放弃一个放弃了之后并不会有太大损失的工作，舍不得放弃已经封存很久的往事，舍不得放弃对权力与金钱的角逐……于是，我们只能用生命作为代价，透支着健康与年华。然后，我们在追逐中，不断地忧伤、欢喜。

"要眠即眠，要坐即坐"，是多么自在的快乐之道啊，倘若你总是"吃饭时不肯吃饭，百种需索，睡眠时不肯睡，千般计较"，这样放不下，你又怎能快乐呢？

庄子曰："人生如白驹过隙。"古人流传下来几千年的哲理难道还不足以给人启迪吗？我辈何不做个快乐的自由人呢？

别着急，你想要的，岁月都会给你

　　身边总有人在不停地焦虑着：哎呀，我还什么都没有，没有结婚，没有生孩子，甚至我连对象都没有，我该怎么办啊？我现在从事的工作好枯燥哦，工资也低得要死，我什么时候才能赚够十万块啊……朋友圈里各种炫富、秀恩爱、晒孩子的照片无一不在折磨着我们已然脆弱的神经，好像别人都过得很好很幸福，只有自己的生活一塌糊涂。

　　不知道从什么时候起，焦虑成了我们生活的常态。似乎不焦虑，自己就有多另类似的。没结婚的，好久不见的朋友或是家里的七大姑八大姨一见面说的话题就是，有对象了吗？怎么还不结婚啊？工资多少，在外面混得咋样啊？怎么看你干啥都不着急啊？

　　着急是很多人共有的通病。我们嫌试用期时间太长，嫌谈恋爱谈得太久，嫌成功来得太慢，嫌岁月给得太少。我们挑剔，我们急于求成，我们总想一步登天，马到成功。

在一次著名的企业家报告会上，有个年轻人向一名知名企业家提出了一个问题，他说："您能不能给我们年轻人指一条捷径，让我们在成功的路上少些走弯路。"结果这名知名企业家却语重心长地回答他："不能！"并进一步向他说道，"成功从来没有捷径，就像登山一样，只有不畏挫折、不畏磨难的人，才有希望抵达山顶！"

人生一世，有谁一直一帆风顺呢？谁都有遇到挫折的时候，谁都可能遇到困境，生活越是艰难，我们越该打起精神来面对才是。如果遇到困难就退缩，就跳脚，那怎么能成功呢？难道我们的气急败坏、沮丧、懊恼等一系列坏情绪，不会把成功吓跑吗？

古语有云："福兮祸之所伏，祸兮福之所倚。"凡事都有两面性，成功没有捷径，只有正确认识这个道理，并保持一个乐观进取的心态，才有可能实现多姿多彩的绚丽人生。

有个穷困潦倒的美国人，他一直梦想成为一名演员。可他所有的家当加起来也不够买一件像样的西服，可他毫不在意，他只想拍电影，当明星。当时好莱坞大约有500家电影公司，他带着为自己量身而作的剧本，根据划定的路线和排列好的名单顺序，一家家去拜访。但一无所获，这500家公司没有一家愿意聘请他。可是，面对拒绝，这个人没有灰心丧气，从最后一家被拒绝的电影公司出来后，他整理下心情，重新走进了第一家电影公司的大门，开始第二轮的自我推荐。可是，第二轮的拜访依然没有成功，他依然被500家电影公司同时拒绝了。他不甘心，又开始了第三轮的拜访。奇迹并没有发生，第三轮的结果与前两次一样。这个美国人快崩溃了，觉得自己真的要被击垮了，可怎么办呢？如果就此放弃的话，那之前的努力不全都白费了吗？于是，他咬牙开始第四轮的拜访，这次当他拜访到第350家电影公司的时候，老板竟然同意让他把剧本留下来说先看一看。几天后，他获得邀请，对方通知他去公司详谈。双方洽谈得很顺利，这家公司决定投资拍摄这部电影，并请他担任自己剧本的男主角。

这部电影就是后来享誉全球的《洛奇》，而电影中的男主角史泰龙也就此一炮走红。翻开世界电影史，无论是《洛奇》还是史泰龙都榜上有名。

史泰龙先后在1849次机会面前频频碰壁，但他始终坚持不懈，终于在第1850次获得成功。他的事例再次印证了那句话："失败乃成功之母。"

因此，面对挫折，你是要认输还是不投降，全看你自己怎么做，这也是成功者和失败者的一个重要区别。失败者总是把挫折当失败，而这失败又总是打击他进一步争取胜利的心；而成功者则不同，成功者从不言败，面对挫折，他们的看法是："我没有失败，我只是还没有成功。"总之，关键时刻一定要忍得住，不让自己垂头丧气。虽然努力了不一定成功，但想成功一定得努力啊。

　　别着急，只要你能耐得住磨难的考验，用一种良好的心态，让自己在人生路上坚定地前行，你想要的，岁月都会给你。

第五章

热爱生命：将每天都过得开心且有意义

人生就是一场修行，在这过程中，我们做的每件事，遇见的每个人都是在成全"自我"。我们只有咬牙接受，经历拷打，才能完成自我的升华。

保持微笑，保持谦逊

　　法国作家拉伯雷曾经说过："生活是一面镜子，你对它笑，它就对你笑；你对它哭，它就对你哭。"如果我们整日愁眉不展，生活肯定也回报以愁苦不堪；如果我们积极乐观，生活也定回报以灿烂。既然很多事情无法改变，我们何不给自己一个笑脸，也给他人一份温暖呢？

　　小美一家住几十年的平房，某年夏天终于要搬进高楼里住了。"去看看新家！"尽管那是座旧楼，但小美仍然掩饰不住内心的激动。可她一脚踏进闷热的电梯间，高兴劲儿就少了一半。原本就很狭小的电梯间被一张伤痕累累的桌子一分为二，桌子后的高椅子上坐着一位五十多岁的冷面电梯员。看着那张黑脸，小美顿时感到气温简直快要降到零摄氏度以下，怎么也高兴不起来了。

"你到几楼？"电梯员冷冷地问。

"十八楼。"小美一看眼前这位大叔开头说话了，赶紧利用自己善于跟人打交道的功底露出一个微笑，接着说，"大叔，您这工作挺辛苦的吧，您看这电梯间这么热，您还要坚守岗位。"

"可不是吗？"电梯员冰冷的脸开始慢慢融化，"这么小的地儿，就这么个小电扇，一坐就是六小时……姑娘，十八层已经到了。"电梯员竟然也微笑着提醒她。

小美突然觉得自己的心情又好起来了，看来，微笑和亲切的问候瞬间就可以搭建起沟通人与人之间心灵的桥梁。

后来再乘电梯时，小美和开电梯的师傅聊得更多了，也更亲切了。

有一天，小美和几个装修工人一起带着木料来到电梯前，可不管怎么比划，木料都放不进去，可把大家急坏了。可就在这个时候，电梯员竟然主动提出可以把他的桌子和椅子搬出去，方便他们进出。事实证明他说的没错，果然一切顺利，小美他们很快就把木料全都搬到楼上去了。

后来邻居问小美何以这么快就把木料运上来了，小美说多亏了电梯。邻居疑惑不解："电梯？电梯员不是说木料太长了，过不去吗？我们的木料可是一模一样的呢！"

小美笑了笑，什么也没有说，心里乐开了花。

后来，小美在单位见人就笑，打招呼，她的人缘自然越来越好，用现在一句时髦的话来说，那就是"人气宝贝"。

为什么小小的微笑在人际交往中会有这么大的威力呢？原因就在于这微笑背后给人传达的信息——你很受欢迎，我喜欢你，跟你在一起很开心，很高兴见到你……有谁不喜欢这样的信息呢？

一个脸上总是洋溢着温暖笑意的人，远比一个衣着华丽的人更受人欢迎。因为微笑是一种接纳，它不仅拉近了人与人之间的距离，也让彼此之间心灵相通。喜欢微笑着面对他人的人，往往更容易走入对方的天地。难怪学者们强调："微笑是成功者的先锋。"

人是很怪的。一个善于微笑的人，给人的态度也很谦逊。反之，则显得很傲慢，难以令人接近。

巴甫洛夫说："做人不可骄傲。因为一骄傲，你们就会在应该同意的场合固执起来；因为一骄傲，你们就会拒绝别人的忠告和友谊的帮助；因为一骄傲，你们就会丧失客观方面的准绳。"

因此，做人要谦逊，不要自作聪明，更不要以为自己比别人多一点智慧。

《三国演义》里有一个祢衡，堪称"狂夫"。他第一次见曹操，把整个曹营中勇不可当的武将、深谋远虑的谋士，全都贬得一文不值。他贬起人来，如数家珍，说"荀彧可使吊丧问疾，荀攸可使看坟守墓，程昱可使关门闭户，郭嘉可使白词念赋，张辽可使击鼓鸣金，许褚可使牧牛放马，乐进可使取状读诏，李典可使传书送檄，吕虔可使磨刀铸剑，满宠可使饮酒食糟，于禁可使负版筑墙，徐晃可使屠猪杀狗，把夏侯称为'完体将军'，把曹子孝呼为'要钱太守'……其余皆是衣架、饭囊、酒桶、肉袋耳。"

祢衡把别人当作酒囊饭袋，对自己的评价却是"天文地理，无一不通；三教九流，无所不晓；上可以致君为尧、舜，下可以配德于孔、颜。岂与俗子共论乎！"曹操自然不会收留这种狂妄的人。有传言称，当曹操录用他为打鼓更夫时，祢衡甚至击鼓骂曹，最后扬长而去。祢衡又去见了刘表、黄祖，依然边走边骂，最后被黄祖砍了脑袋，做了个无头"狂鬼"，这才消停了。

现实中不乏其人，有人仗着自己的才能、学识、金钱等，就目空一切，狂妄自大。其实，"狂"是最要不得的，它的本意是指狗发疯，如狂犬。做人如果与"狂"相结合，便会失去人的常态，产生不文雅的名声。

有的人读了几本书，就以为自己才高八斗，学富五车，无人可比，就连文学大家、科学巨匠也不放在眼里；还有些人学了几套拳脚功夫，就以为自己身怀绝技，武功高强，颇有打遍天下无敌手的气势。然而，狂妄的结局就像祢衡那样，不过是自取其辱，自毁前程。

人们常说："天不言自高，地不言自厚。"自己有无本事，本事有多大，别人都看得见，不用自吹，更不能狂妄。没有多少人乐意信赖一个言过其实的人，更没有人乐意帮助一个出言不逊的人。不论是庄子还是老子，都劝人要以谦逊为上，不可自作聪明地显示、夸耀自己的才能和实力。只有这样，才能不被人妒忌。

保持微笑，保持谦逊，你会发现人生有别样的风采。

脚踏实地，才能站得稳

古人说："唯有埋头，乃能出头。"人要想在社会上生存，就必须得有一个务实的态度，做事不贪大，做人不计小，从小事做起，从实际出发。

设想一下，如果种子不经过在坚硬的泥土中挣扎奋斗的过程，它又怎么可能长成一棵苍天大树呢?

不积跬步，无以至千里；不积小流，无以成江海。任何伟大的品格、超人的才能都不是凭空产生的，而是日常小事积累的结果。可许多人却忘了积少成多的道理，一心想一鸣惊人，而不去做埋头耕耘的工作。忽然一天，他们看到比自己起步晚的，资质不如自己的人都纷纷获得了成功，才惊觉自己还是一无所有。这时他们才明白，不是上天没有给他们梦想和机会，而是他们一心只等着收获，却忘了播种。

"万丈高楼平地起"，任何事业都要从基层做起。一个人要想搞懂一门生意最好从底层起步，当他往上升的时候，才会搞清整个工作程序。

相传，石油大王洛克菲勒当年去一家公司参加求职面试时，一位人事主管问他："你想找个什么样的工作？"

"只要你们愿意录用我，我什么样的工作都可以接受，哪怕薪水最低也可以。我真的急需一份工作。"洛克菲勒说。

"好吧，我们可以录用你。明天你就可以来上班了。"

洛克菲勒听完十分高兴。

当时，他无家无业，正处在人生的低潮阶段，他迫切需要一个起点，哪怕是最底层的起点，他也不想放过。

第二天一早，他去上班，被安排在组装线上。他的工作内容是将带着铜铆钉的带子缠绕在铁环上。那时公司正在为陆军制造机车手提灯。他的薪水是每小时20美分。他发现手工劳动有趣而令人满意。这项工作对他并不难。可是，第一天在组装线上，钉铆钉时锤子就把他的手重重地砸青了。他很担心这一事故对工作造成不便，在下班后得到了老板的许可后继续留下来，研究即使手指受伤也不影响工作的办法。

于是，他就在车间里找啊，找啊，终于找到了他需要的工具和材料。他做了一个木头节子，这个木头节子能把铆钉固定住，然后他就可以毫不费力地做他的工作了。

第二天他早早来到车间。在其他工人还没有来之前试用他新制的工具。哇呜，惊人的成功！有了这个木节子之后，完全不用他手扶，就能固定住铆钉，就像多了一只手，如此一来，他所能干的活比原来还要多呢。他的工作速度比原来快了一倍。老板很高兴，夸赞了他的新改进。

后来，洛克菲勒开始向老板要求更多的工作，于是老板就委任他处理一大堆杂务。他帮助组装线上的妇女调整工作台的高度，她们干得顺手，效率自然也提高了。

他总是早早来到车间，下班后也不急着回去，而是留下来帮助清理整顿，为第二天的工作做准备。他在任何可能用得着他的环节协助他的老板，不仅赢得了老板的认可，也赢得了同事们对自己的尊重。

有一次他结识了奥林·哈维——公司采购部的经理，哈维问他："你在公司工作这么久了，感觉如何？"

"非常好，"洛克菲勒说，"但是，我对钉铆钉有点儿厌倦了。我想找点儿更具挑战性的事情做，我希望可以学到更多的东西。"

"那如果我邀请你来采购部做一个小小的订货员，你愿意吗？"哈维问。然后，他向洛克菲勒解释了订货员的职责，并说这个岗位可以了解整个公司的生产程序，因为所有生产成品所需的材料都要经过订货员这一岗位。洛克菲勒欣然同意。

随后，他个人努力工作和解决问题的能力进一步被认可，并被奖励。一年之内，他从每小时薪资20美分的组装线工人升到了采购部，继而又被提升为灯光部的经理助理。再不久，他又被任命为工业关系部主任。

　　这些经历让他认识到，一个人即便没有内部关系和推荐，只要愿意从底层干起，仍然可以一步步获得成功。洛克菲勒认为这是搞清一门生意最好的途径，并能使他获得在这一领域里发展所需的必要的自信。

　　他是这样做的，也是这样教育自己的儿子的。他对自己初涉社会的儿子说："你在现阶段进入我们的公司，至少还需要五至十年的学习。要成为熟练的经营人员，就必须勤学不倦。不过，为考试而一味埋头苦学是不可取的，是不值得表扬的。每月的得失统计表只会反映在现实生活中你是及格还是落伍。你至少要花五年的时间，去熟悉顾客、工作场地、从业人员、经营阵容、外部力量的调整、内部力量的整合，才能熟练掌握我们的经营方法。必须经历过这一阶段之后，你才可以享受高级轿车、轻松的旅行和豪华的餐厅。"

　　因此，仅仅是对自己那无法实现的愿望而焦急、慨叹是没有用的。要想达到目的，必须脚踏实地，从头开始。只有通过一次次的小成功，才能慢慢累积成更接近理想目标的大成功。

好习惯，打造好命运

人们总是渴望自己天赋异禀，拥有极高的智慧，往往却忽略了成功路上最大的智慧——习惯。

北京大学心理学博士卢致新在谈到一个人成功与失败的原因时说道："一个人习惯于懒惰，他就会无所事事地到处溜达儿；一个人习惯于勤奋，他就会孜孜以求，克服一切困难，做好每一件事情。"

可见，习惯是一种顽强的力量，它可以主宰人的一生，决定一个人一生的命运。

在《培根论人生》一书中，这位伟大的思想家曾专门论述了习惯与命运的关系。他深刻地指出："人们的行动，多半取决于习惯，一切天性和诺言，都不如习惯有力，在这一点上，也许只有宗教的狂热可与之相比。除此以外，几乎所

有的人力都难战胜它。即使是人们赌咒、发誓、打包票，都
没有多大用。"

1988年，75位诺贝尔奖获得者在巴黎聚会，会议期间，有
人问一位诺贝尔奖获得者：

"您在哪所大学、哪个实验室学到了您认为最主要的东西
呢？"

"在幼儿园。"

"您在幼儿园学到了些什么？"

"把自己的东西分一半给小伙伴们；不是自己的东西不要
拿；东西要放整齐；吃饭前要洗手；做错了事情要表示歉意；
午饭后要休息；要仔细观察周围的大自然。从根本上说，我学
到的全部东西就是这些。"

这段话是令人深思的。从幼儿园学到的东西，直到年老
时还记忆犹新，可见留下的印象有多深刻。这也说明从小养成
的习惯会影响人的一生，时时处处都在起作用。著名心理学家
威廉·詹姆士说："播下一个行动，收获一种习惯；播下一种
习惯，收获一种性格；播下一种性格，收获一种命运。"所以
我们应该于细微处见真知，养成好的习惯。好的习惯对于人生
是十分重要的，它可以让人的一生发生重大变化，所谓"好习
惯，好命运；坏习惯，毁一生。"说的正是这个意思。

20世纪60年代，苏联宇航员加加林乘坐"东方"号宇宙
飞船进入太空遨游了108分钟，成为世界上第一名航天员。当

时参加培训的有几十个宇航员，为什么加加林能脱颖而出呢？这源于一起偶然事件。当时，在确定人选前一个星期，主设计师罗廖夫发现在进入飞船参观前，只有加加林一个人把鞋脱下来，只穿袜子进入座舱。就是这个细节，一下子赢得了罗廖夫的好感，罗廖夫说："我只有把飞船交给一个如此爱惜它的人，才能放心。"良好的习惯，给了加加林成功的机会。

我们知道，德国的父母在教育孩子时非常讲究培养孩子的意识性。如果孩子心血来潮说："爸爸，我明天想去爬山。"通常，爸爸是不会直接说"NO"或"YES"的，他会说："你的计划呢？你想怎么去，跟谁去，带不带午餐，到哪个地方去？所有这些需要注意的问题，你都准备好了吗？"如果孩子回答说，"我还没有想过。"父亲就会说："你没想过的事先不要说。"看似很简单的一件小事，却是在启发孩子自小就养成做计划的好习惯。

古希腊哲学家亚里士多德说："优秀是一种习惯。"人出生的时候，除了脾气会因为天性而有所不同外，其他的东西基本都是后天形成的，是家庭影响和教育的结果。所以，我们的一言一行都是日积月累养成的习惯。

美国《成功》杂志创始人，美国成功学奠基人，美国最伟大的励志导师奥里森·马登博士在谈到成功的秘诀时说："成功主要靠四种良好的习惯——守时、精确、坚定和迅捷，才造就了成功的辉煌和美好的人生。没有守时的习惯，人就会浪费时间、空耗生命；没有有精确的习惯，人就会损害自己的信誉；没有坚定的习惯，人就无法把事情坚持到成功的那一天；没有迅捷的习惯，原来可以帮助你赢得成功的良机，就会与你擦肩而过，而且可能永远不会再来。"

习惯是人生的主宰，任何成功都是从养成好习惯开始的。成也习惯，败也习惯。好习惯，打造好命运。要想自己的人生灿烂辉煌，就必须从小养成良好的习惯，从小事做起，只要有目标，坚持下来就能成功。

细节决定成败，别给失败留后路

我们常说，细节决定成败。大到企业，小到个人，如果能把关键的细节做到尽善尽美，一定会距离成功越来越近。在通往成功的路上，形成细节思维是很关键的，往往一个细节就有可能成为你的致命弱点，一旦这个细节出现了问题，整个过程就会功亏一篑。要掌控你的工作，就要重注细节，超越平庸。

国内有一家药厂，准备引进外资，扩大生产规模。他们邀请德国拜尔公司派代表来药厂考察。在进行了短暂的室内会谈之后，药厂厂长便陪同这位代表参观工厂。就在参观制药车间的过程中，药厂厂长随地吐了一口痰。拜尔公司的代表目睹了这一幕之后便拒绝继续参观，也终止了与这家药厂的谈判。

在这位代表看来，制药车间对卫生的要求应该是非常严格的，作为一厂之主的厂长都能随地吐痰，那么员工的素质又能高到哪里去呢！与这样的药厂合作，又如何能保证产品的质量呢？于是，就因为一个不经意的细节，造成了这样严重的后果，可想而知，如果那位厂长得知造成谈判终止的原因就在于他的不注意细节，该有多后悔了。

不要认为一个小细节别人不会注意，越是小细节越能反映一个人的整体素质，任何一个细小的动作都可能给人留下深刻的印象，继而决定你的成败。

日本一家贸易公司的一个小伙子专门负责为客户购买车票。他常给美国一家大公司的商务经理购买来往于东京和大阪之间的火车票。不久，这位经理发现一件很细小的事，每次他去大阪时，座位总是靠近右窗口，返回东京时又总是靠近左窗口。于是经理就问小伙子其中的原因。小伙子答道："因为车去大阪时，富士山在您右边；返回东京时，富士山又位于您的左边。我想外国人都喜欢富士山的壮丽景色，所以我替您买了不同的车票。"这个小伙子的细心，使得这位美国经理十分感动，促使他把对这家日本公司的贸易额提高了两倍。他认为，在这样一件微不足道的小事上，这家公司的工作人员都能想得这么周到，那么，跟他们进行商务往来还有什么不放心的呢？

正是这些不起眼的小事情中蕴藏着成功的必然。细节的力量是无穷大的，只有懂得并重视它的人，才能得到它的垂青，这样的人也必将成为最优秀的员工。

我们要想开创人生的新局面，实现人生的突破，就要学会关注细节，从小事做起。这样，才能够一步步向前迈进，一点点积累资本，抓住瞬间的机会，实现人生的突破，踏上成功的道路。

鲁尔先生要聘请一位勤杂工到他的办公室打杂，最后他选了一名男童。

"我想知道，你为什么选他？"他的一位朋友不解地问，"他既没有带介绍信，也没有人推荐。"

鲁尔笑着说："你错了，他带了很多介绍信。他进门前时擦去了鞋上的泥，进门后随手关上了门，这说明他小心谨慎。进了办公室，他先脱去帽子，回答我的提问时干脆果断，证明他懂礼貌而且有教养。其他人进来后都是直接坐到椅子上准备回答我的问题，只有他把我故意扔在椅子边的纸团拾起来，放在废纸篓里。他衣着整洁，头发干净。难道这些小节不是极好的介绍信吗？"

鲁尔先生说的没错，人们对一个陌生人的快速了解，往往就从这个人身上体现的小节开始。在互不熟悉的情况下，人们往往会先入为主地认为：以小见大，细微处见真知。所以一个人在小节上的表现和修养，其实就是他身份的象征。

不要忽视小节，这在现代职场上已被奉为金玉良言。

我们都很敬佩已故总理周恩来的胆识和谋略，但他那种关照小事、成就大事的风范，更值得我们学习和借鉴。

当年，尼克松访华时就敏锐地发现，周恩来对一些事情的细节非常认真。因为他发现，周恩来总理在晚宴上为他挑选的乐曲正是他所喜欢的那首《美丽的阿美利加》。

　　后来，在来访的第三天晚上，尼克松被邀请去看乒乓球和其他体育表演。当时天降大雪，而原定的第二天要去参观长城恐怕要因为路阻而难以成行。谁知周恩来得知这一情况后，马上安排有关部门清扫通往长城路上的积雪。

　　周恩来做事是精细的，他对工作人员的要求自然也很严格，他最容不得别人用"大概""差不多""可能""也许"这一类的字眼来描述问题。有次北京饭店举行涉外宴会，周恩来在宴会前了解饭菜的准备情况时，问道："今晚的点心是什么馅的？"一位工作人员随口答道："大概是三鲜馅的吧。"这下可糟了，周恩来追问道："什么叫大概？究竟是，还是不是？如果客人中有人对海鲜过敏，询问食材怎么办，出了问题谁负责？"听完总理的分析，这位工作人员立马认识到了自己的错误，赶紧去调查点心到底是什么馅的去了。

　　看不到细节，或者不把细节当回事的人，对工作缺乏认真的态度，做事情也是敷衍了事。而考虑到细节、注重细节的人，不仅能够认真地对待工作，将小事做细，并且注重在做事的细节中找到机会，从而使自己走上成功之路。

　　老子曾说："天下难事，必做于易；天下大事，必做于细。"他精辟地指出了想成就一番事业，必须从简单的事情做起，从细微之处入手的道理。

做好工作日志，比你的脑袋更好使

俗话说："好记性不如烂笔头。"这句话是说，不管你记忆力再强，时间长了，要记的内容多了，也难免会遗忘一些，所以不妨把一些需要办的事情记下来，然后按照"行程表"一项项进行。工作日志是帮助你快速处理事情的工具，运用得当能帮助你节省不少时间。

有一位商人，在一个小镇做了几年的地产生意都没有赚到钱，到最后只好以破产告终。当债主蜂拥而至向他讨债时，他正在眉头紧皱，思索他失败的原因。

"你完全可以再从头开始，"一位债主说，"你不是还有不少财产吗？可以拿来当启动资金……"

"什么？从头开始？"

"是啊！你应该列一张资产负债表，好好清算一下你到底还有多少钱，然后从头做起。"

"你是说我得把所有的资产和负债都详细清算一番，然后写成一张表格？还有我的门面、地板、桌椅、茶几、书架等都重新洗刷油漆一番，弄成新开张的样子吗？"

"是啊！"

"这些事我早在十五年前就想动手去做了，但后来因为我沉溺于参观拳击竞赛，至今还不曾动手……哦，现在我知道这几年我何以失败到如此地步的原因了！"

人们不可能总是记得自己需要做的事，忘记明天、后天的事是再正常不过了。很多事情也并不是一次性或一天就能搞定的，它也需要每天或每一阵子分配一定的时间来做。

"工作日志"是你想记却又不愿长久记在脑海里的信息、文件和资料的存储器。写工作日志，可以让你对工作做到心中有数，减少工作中的失误，能有效地帮助你掌控工作。

比如说，你想在下周三下班之后做个美容，不妨在"工作日志"的日期上做个标记。

或者，假如你每个月要缴纳2000元的房贷按揭分期付款，那你不妨用付款单或其他东西来提醒自己早做准备，以防自己遗忘影响个人的信用。

假定你8号要参加某个会议，届时你需要带一些重要的资料去。你可以把文件提前整理好放进"8"号纸夹里，并在上面注明会议的时间、地点、与会人员等。

也许你偶尔会忘了开会或是一时找不到想要的资料，可是只要你记得每天早上查看你的"工作日志"，你就一定能记得这些事情。

具体来说，就是：

每天早上把一天要做的事都列出清单。这个清单包括公事和私事两类，把它们全部记录在纸上、工作簿上或是其他的什么上面。在这一天中，你要经常进行查阅看看做了哪些，还有哪些没有做，以及没有做的原因是什么。

把接下来要完成的工作同样也记录在清单上。如果你清单上的内容已经满了，或是某项工作可以改天再做，那么你可以把它转移到明天或后天的工作计划中去。

对当天没有完成的工作计划重新安排。你可以将它们顺延至第二天，添加到新的工作日志。但是，这并不是暗示你工作可以拖拉，如果每天的工作任务你都不能如期完成，那你的工作日志就会一天比一天多，任务也会一天比一天重。

把做每件事所需要的材料放在同一个固定的地方。如此一来，当你需要查找资料事，就会特别方便。当把这项工作彻底完成时，就可以把这些东西集体转移到另一个地方了。

清理你用不着的文件材料。有人喜欢把所有文件都保留着，实际上很多资料最后都会变成无人问津的废纸，根本不会有人再用到。每工作一段时间之后，就应该清除一下抽屉最后面的文件，然后把新用完的工作文件放在抽屉的最前端，方便查阅。

　　定期备份并清理计算机。定期地备份文件到光盘上，并马上删除机器中不再需要的文件。

　　如果你想开始读莫泊桑的作品，去听某场音乐会，或找位朋友到公园钓鱼，或者上一个插花班，你可以提前一两个月在"工作日志"上做记号。从现在开始，你不妨试试看。你只要早上花几分钟时间制定好当天的工作日志，就可以很快理清思路，迅速投入到有效的工作当中去。你会因为没有把事情忘了而心安，你可以把回想的功夫省下来，用在其他的事情上。在事情再度发生时，你会回想起以前的种种情况，想想自己以前是否做过，而现在是否还想再试试。

　　不管怎样，一定要确信"工作日志"这种方法，能让你花最少的时间和精力去增进工作效率。一旦你真的这么做了，你可以强烈地感觉到在这段时间里自己的变化，结果可能引导你走向新的目标与方向。

养成理财好习惯，打造财富金字塔

俗话说，"你不理财，财不理你。"在这个物价飞涨的时代，即使你的工资跟得上物价的上涨速度，你也难免费尽心力保住你的财富不让它那么快贬值。所谓"吃不穷，穿不穷，算计不到要受穷。"所以财是一定要理的，而且还要会理财。

可是，国人在理财方面的经验并不多，甚至是少得可怜。老百姓手里有了钱，最经常做的就是把它存到银行里，稍微懂一点金融知识的，可能会购买基金、期货，收藏艺术品等。即便是这样，国内目前的理财行业受历史和体制的影响，也很难提供科学完善的理财服务。所以，几乎所有家庭都存在着这样或那样的理财误区。

具体来说，最常见的理财误区有以下七种。

1.企图一夜暴富

无论你看过多少成功励志的故事，都应该清醒地认识到：财富的积累绝不是口头上说说那么简单，即使再有智慧的人，他也需要一定的时间，这个期限可能是数月，也可能是数年，甚至可能需要数十年。

2.不提前规划教育基金

现代的育儿观念早已不是吃饱穿暖那么简单的事了，孩子的教育储备金越早越好。

3.不告诉孩子如何管理自己的钱财

孩子的财商越早开发，他以后对财富的掌握越得心应手。现在你给他解释的每一笔储蓄的小能量，日后都会成为他在财富认知上的奠基石。

4.不制定合理的理财目标

有目标才有动力。你不妨给自己设定一个切实可行的财富目标，比如在某某日期前，攒够多少钱或是在多少岁前，积累多少资产。

5.分不清自己的财务责任

无论你是单身还是已经组织了家庭，都应该明确自己的财务责任。只有把责任明确化、具体化，你才能更好地安排你的财产。

6.凭保证金购买股票

在你从经纪人公司借钱购买股票的时候，你就放弃了对自己财产的控制。所以，一定要谨慎购买你无法支付现金的股票。

7.不听取专业的理财建议

理财应该是一个长期规划，最好有专业的理财师来指导。不然，就像瞎子过河，盲人摸象一般不知所谓，既有可能走弯路还有可能损失钱财，得不偿失。

看到以上内容，是不是觉得很熟悉？现在很多年轻人都是"月光族"，习惯了随心所欲地花钱甚至信用卡透支也要消费，然后就是伸长脖子等到发工资的那一天。虽然他们也会考虑将来，也憧憬过未来美好的生活，但却不曾真正给自己制定一个合理的财务计划。

当然，在制定财务规划表之前，希望你能明白理财绝不是单纯意义上的攒钱，而是让财生财。简单来说，就是生财、聚财、用财，让钱转起来。因此，我们既要学会开源，还要学会节流。开源是不断寻求合法的赚钱门道，将个人资产不断升值；节流是要理性消费，不让个人资产做无谓的流失。总之，要养成理财好习惯，打造财富金字塔。

相信下面理财小步骤能给你以启示，助你在理财之路越走越顺畅。

（1）确定目标。制定出你的短期财务目标（一个月、六个月、十二个月等）和长期财务目标（三年、五年、十年、二十年等）。抛开不切实际的幻想，可以把总体目标分割成阶段性的小目标，一步步努力，一步步实现。

（2）列出先后次序。确定各种目标的实现顺序，分清主次，理好先后。

（3）弄清个人净资产。只有搞清楚自己的净资产，才能更便于对家中的钱财进行总体规划。

（4）算出实现目标所需要的钱。计算出要实现这些目标，你每个月需要节省或创造出来多少钱。

（5）了解自己的支出。把过去半年至少是三个月的所有账单找出来，按照不同的类别，分析一下消费类别，找出哪些是必要的，哪些是浪费的，对自己的平均支出做到心中有数。

（6）控制自己的支出。通过每月收入和支出的对比，尽量取消掉一些不必要的开支，如去饭店吃饭，去KTV包场等。适时增加一些必要的开支，如购买保险等。

（7）持续有效地储蓄。坚持储蓄是实现个人理财目标的第一步。计算好每个月应存多少钱，在发工资的那一天，直接把这笔钱存入相应的银行账户。

（8）控制透支。每次在买东西之前，问自己：我真的需要这个东西吗？真的非买不可吗？控制自己的购买欲和不合理的消费观，也是理财的重要一步。

（9）投资生财。如果你没有足够的理财知识和心理承受能力来防范风险，建议你多多考虑国债和投资基金等一些能够保本的银行理财产品。

（10）保险。财产保险对家庭财产占个人资产比重较大的人非常重要。设想一下，万一发生天灾人祸，重新购置房产、汽车，以及服装、家具等，需要多少钱？另外，健康险非常重要，尤其在你失去赚钱能力却又身患重疾的时候。

（11）安家置业。虽然购买房产是一项巨大的开支，但拥有自己的房子就意味着可以节省房租费用。即便你采用的按揭分期还款，房产作为固定资产，也是值得投资的理财方式。

理财不能盲目进行，事先做好规划是关键。没有规划的理财，就像飘荡在海面的无帆之船，没有方向。只有做好切实可行的理财规划，才能助你驶向富裕的彼岸。

注重健康，吃好喝好睡好运动好

美国作家爱默生说过，"健康是智慧的条件，是愉快的标志"。有了健康的体魄，我们才可以做很多事情，包括从事自己喜欢的职业。一旦失去健康，再多的快乐、智慧、知识和美德都黯然无色。

"壮志未酬身先死，常使英雄泪满襟"，这是纪念诸葛亮的一句诗。诸葛亮是三国时期一位足智多谋的政治家、军事家。他"鞠躬尽瘁，死而后已"的精神不知感动了多少仁人志士。为了统一天下、结束混乱的局面，诸葛亮七出祁山，但终因身体不佳而未能完成。

孙中山先生是我国伟大的革命先行者，历经许多挫折——辛亥革命的胜利果实被剥夺，第一次、第二次护法运动的失败……但他从不向挫折和困难低头，终于找到了革命的正确道路：新三民主义。孙中山亲手创建的黄埔军校为革命培养了一支训练有素的武装力量。可以说，当时的革命形势一片大好。但就在这时，孙中山先生却因病离开了人世。孙中山先生带着"革命尚未成功，同志仍需努力"的遗憾离开了人世，留给后人失去健康的惨痛教训。

陕西省作协前主席路遥，创作小说《人生》时已身患重病，差点儿撒手人寰。为路遥治病的老中医劝他不要太玩命，但路遥依旧笔耕不辍。几年后，一部反映中国当代青年成长经历的长篇小说《平凡的世界》问世，立刻引起了轰动。《平凡的世界》成了新时期中国文学长篇小说领域里的制高点。然而不久以后，心力交瘁的路遥便与世长辞。

健康是人生的最大资本，无论何时，健康都应该是第一位的，没有健康，一起都是零。可现实生活中，很多人却在乎名、在乎利，唯独不在乎健康。他们为了金钱、名利废寝忘食、夜以继日地工作着，忽视了自己的身体，以致等到身体出现问题，或是发展到十分严重的程度才追悔莫及。他们常常是早餐随便凑合或是不吃，午餐就在公司楼下的小食堂吃份快餐，晚上回家吃点儿水果或零食算是应付过去了。早上因为要赶早班车，早早便起来了，晚上下班不是抱着手机玩个不停，就是跟朋友去KTV、泡吧、打游戏等，好不容易熬到周末，又宅在家里不出门，恨不能二十四小时都赖在床上。可以说，吃不好、睡不好，不爱运动是时下很多人的常态。但长此以往，身体怎么受得了呢？于是，"积劳成疾""过劳死"这样的事经常可见报端。因此，坚持健康的生活方式，平时留心关注自己的健康，定期去医院为自己做个检查，对于维护我们的健康至关重要。

饮食习惯是身体健康的第一要务，所以有规律的一日三餐就显得特别重要。如果只有上顿没下顿，或是经常暴食暴饮，会导致胃过量、胃肠功能失调，其他功能也会出现紊乱，进一步影响健康。中国传统的饮食习惯讲究"早吃好，午吃饱，晚吃少"就是要求把人体一日内所需的热能和营养合理地分配到一日三餐中去。

俗话说"病从口入"，光记得吃饭是不够的，还有一些饮食习惯要注意，比如吃饭要细嚼慢咽，饭后不宜马上吃水果、喝茶、洗澡、睡觉，饮食不宜过饱，炸、熏烤类食物应少吃或尽量不吃，不空腹饮酒，喝牛奶要适量等。同时，我们还要注意营养均衡，不挑食，不厌食，养成良好的饮食习惯，提高免疫力，以减少病菌入侵、疾病的产生。

要想拥有健康的体魄，除了吃好饭，睡好觉，还要注意运动。

运动能刺激脑下垂体，使之释放 5-羟色胺物质，有助于促进酣睡。运动还可以改善消化功能、排泄功能，增加体能与活力，一方面消耗脂肪，一方面强壮肌肉，提高血液中良性胆固醇的比例，降低不良胆固醇的比例，从而降低总胆固醇的水平。它能帮助你缓解日常生活中的压力，防止压力致病。运动有助于减肥和保持正常体重，还可以消除焦虑和消沉情绪，改善自我形象。

世界卫生组织和国际体育医学联合会针对全球有一半人口缺乏运动的现象，敦促各国政府将促进和加强体育运动以及保持良好的身体状态作为公共卫生政策的一部分，其主题是，应当天天将运动作为健康生活的基础，体育运动应成为每日生活中不可缺少的一项内容。

"生命在于运动，运动调试健康，生命在运动调试中求得平衡。"所以，不要再以"没有时间运动"为借口，每天挤出一定的时间运动吧，它会激活我们每一个细胞，从而提高我们的生命质量。

人生只有一次，千万不要过那种"四十岁以前拿命换钱，四十岁以后拿钱换命"的生活。要知道一切功名利禄都是给别人看的，只有身体健康才是自己的，只有吃好喝好睡好运动好才是对自己负责。

一日三省吾身，每天进步一点点

　　每个人都渴望成功，可看看自己眼前的现状，又觉得成功遥不可及。实际上，成功距离我们并不远，它就蕴藏在我们日常的一言一行中，只要每天进步一点点，时间长了，你就会发现自己早已前进了一大步，甚至不知不觉中已经发生了翻天覆地的变化。而那些无视一点点进步的人，连维持每天一小步的增长都做不到，又何谈日后的功成名就呢？

　　就拿几何学中的"角"来说吧，在角的顶端，两条边直接的距离十分微小；将两条边向顶点以外不断地延伸，它们之间的距离就会不断增大。起初，相差的距离微不足道，但随着两边距离顶点处延伸得越来越远，两条边相差的距离也就越来越大。从这点可以看出，那些细微的改变是如何最终取得大的成效的。

法国一个童话故事中，有道"脑筋急转弯"的智力题，内容是这样的：荷塘里有一片荷叶，它每天增长一倍，如果30天就能长满整个荷塘的话，那第28天的时候，荷塘里的荷叶占多少地方呢？想计算确切答案，要从后往前推，即先设想一下有四分之一荷塘的荷叶，这时你站在荷塘对岸，你会发现荷叶是那么少，似乎只有一点点，但等到第29天再看，就会发现已经占满一大半，而等到第30天的时候，整个荷塘已经满是荷叶了。

这说明什么问题呢？其实，荷叶每天变化的速度都一样的，前面28天的漫长时间，我们视线所及之处都只是那么一个小小的角落，直到第29天、第30天我们才看到结果。同样的，在追求成功的路上，即使我们每天都在反省自身的不足，每天都在进步，但因为前面漫长的28天让人享受不到结果，所以常常令人感到沮丧。人们总是对第29天的希望和第30天的结果充满兴趣，却不愿忍受成功过程中的艰难时日而在第28天时选择放弃。

下面这个三只钟的故事应该能给你启迪。

一只新组装好的钟被放在两只旧钟当中，两只旧钟像往常一样"滴答，滴答"地走着。其中一只旧钟对新来的小钟说："来吧，你也该工作了。可是我有点担心，等你走完3200万次后，想必也吃不消了。"

"什么？3200万次？"小钟听到这个数据，顿时震惊无比，它不由得想退缩，"不不不，我办不到！这工作太宏伟了，我不行！"

这时，另一只旧钟说："别听他胡说八道。别害怕，你只要每秒'滴答'摆一下就行了，非常简单。"

"天下还有这么简单的工作？"小钟半信半疑，不过很快它就说，"既然如此，那我就试试吧。"

于是，小钟就随着每秒的"滴答"摆一下，不知不觉一年过去了，它摆了3200万次。

每天进步一点点的威力是想象不到的，只要我们有足够的耐力和信心可以坚持到第28天以后，成功早晚会来。不要被眼前的困境吓到，因此倦怠和不自信更不值得。未来太遥远，我们不必想以后的事，只要想着今天做什么，明天做什么，然后努力去完成，就像那只钟一样，每秒"滴答"摆一下，成功会不知不觉中来到你身边。这最后的"翻天覆地"的改变，正是前面一点点的放大得来的。成功就是一日三省吾身，每天进步一点点。

成功不是一蹴而就，也不是单一因素的促成，而是诸多原因的几何叠加。比如，你今天的笑容比昨天多一点点，你今天走路的速度比昨天快一点点，你今天的效率比昨天多一点点，你今天的想法比昨天成熟一点点……

每天进步一点点，久而久之，我们的明天就与昨天、今天有了天壤之别。

　　不要忽视每天的一点点改变，或许表面上你没做出什么大成就，或者你做的这些都微不足道。但时间会证明一切，最终带给你的改变绝对是巨大而惊人的。你会发现，成功给你的远比你想象得还要多，还要猛烈。

第六章

精进自己：成长是一种磨砺，放弃是一种得到

每一天都是一个全新的开始，如果把它想象成一匹白色的布，你想在上面画什么？过去只适合回忆，未来充满变化，我们唯一能把握的，只有现在。活在当下，过好现在的每一天。

成功始于不断地学习

现代市场竞争激烈，一个人只有坚持学习，不断地进行知识的积累与更新，才能适应这个急速变化的时代。尤其是在职场上，竞争无处不在，如果你还在原来的地方裹足不前，很容易落后于人。因为别人都在不停地向前奔跑，两者的距离刚开始可能还不是很大，但时间一长，你就只能追悔莫及了。如何避免这种情况，掌控自己的工作呢？只有不断地给自己补充知识和能量，才能在职场上独领风骚，一路畅通。

我们知道，浙江商人在做生意这方面是相当有天赋的，很多赫赫有名的企业家也多是出自这里。他们有勇有谋，敢打敢拼，比如浙江卡森实业有限公司的董事长朱张金，当初他只学会"一、二、三、四、五、好不好、多少钱、行、没问题"等几个俄语单词，就拿了个计算器跑去俄罗斯做服装生意去了。

因为语言不通，在做生意的过程中不知道遭遇了多少困难。但他始终没有气馁，反而越挫越勇，后来，他又跑到欧美做生意，同样因为不懂英语吃了不少苦头。其实，这也正常，你都听不懂别人在说什么，怎么可能做好生意呢？

1999年冬天，他到美国参加一个皮革展销会。一个加拿大的商人在向他推销Landcows（死牛皮），40美元一张。当时，他不知道"Landcows"是什么意思，单纯地以为死牛皮的英文应该是Deadcows，而Landcows肯定是好皮，所以心里非常高兴，以为自己捡到了大便宜。于是，他兴高采烈地飞往加拿大看货，结果一看，大失所望。原来，Landcows就是死牛皮，可他却因为自己的无知，不但白花了路费，还耽误了行程。从那以后，他意识到自己的文化水平实在是太欠缺了，根本不足以应对做生意时遇到的困难，所以他决心要学好英语。自此，英语磁带成了他出差旅途的伴侣。

现在，他已经能用一口流利的英语与外国客商单独、直接地进行交流了，也能熟练地用英语给他们介绍企业的状况、产品了。他在欧洲开设的20多家家具连锁店实现了中国民营企业在海外发达国家建立直销零售商场零的突破。

其实，不管你处在什么阶段，什么职位，只有不断地学习与进步，才能获得事业上进一步的发展与成功。

知识越多，经验越丰富，在商业管理中所设想的问题也就越多。以美国福特汽车公司为例，众所周知，亨利·福特的孙子亨利·福特二世1930年出任该公司的董事长时，完全甩开了他祖父的某些片面经验。他勤奋好学，虚心地学习其他公司的成功经验，并聘请大量能干的专家组成了研究室和实验室。在以后的几十年中，他又成功地把电脑引进该公司的许多工作领域，大幅度地提高了工作效率。亨利·福特二世的好学精神弥补了他本来缺乏的能力和经验，使福特汽车公司能迅速地跟上时代发展的步伐，在竞争日益激烈的汽车行业中，继续保持着它本身的强大生命力。对于任何一个经营者来说，永远都要有不自满的工作态度，像福特二世那样，不断地总结经验、改进工作、丰富知识，哪怕已经获得了巨大的成就。

俗话说："磨刀不误砍柴工。"平常积累的知识和经验，看似用处不大，一旦发生变化，别人可能会手忙脚乱，不知道该如何是好，可那些平常善于学习的人却能胸有成竹，临危不乱。当市场运作正常，企业处于平稳发展阶段，知识积累多的员工与平常不学习的员工相比，可能看不出有什么大的优势，可是一旦发生经济危机、公司裁员、评比提升、业务拓展等变化，知识积累丰富的员工就会像放在口袋里的锥子，自然而然就脱颖而出了。

企业中，尤其是世界知名企业，几乎每一位员工都是经过精挑细选，战胜无数的竞争者才得到某一工作的机会。一粒黄金放在沙子里很容易被人认出来，可是如果人人都是黄金，如何才能在这样的环境里凸显自己呢？

　　答案很简单，大家站的高度是一样的，你要想比别人看得远，就要垫高自己——也就是通过不断的学习来丰富自己。只有这样，才能在情况发生变化的时候处变不惊，胜人一筹。

　　学无止境！

　　据说微软在录用员工时，看重的从来不仅仅是一纸文凭，更重要的是员工的其他综合能力。新员工刚入公司，首先被告知的就是，在微软，文凭唯一能代表的就是你前三个月的基本工资。

　　众所周知，学习能增长我们的智慧，能更好地与职场飞速发展趋势相适应。但是，如果你赖以生存的知识、技能随着岁月的流逝而不断地折旧、折损了，那它就像大海的波浪一样，不管前浪多么汹涌澎湃，马上就会被随之而来的后浪所淹没。对于知识的不断发展、更新，除非你与时俱进，不断地学习和提高自身的工作技能，否则就不能跟上职场的发展需要。

　　因此，为了使员工不间断的学习新知识，微软每三个月就进行一次全体的岗位轮换，即让所有员工从事和原来完全不同的工作。如此一来，所有员工都必须时刻学习以适应新的岗位需要，而整个企业也处在知识更新迅速、活力永在的情形当中

　　说到底，学习能力也是一种工作能力。在现在的职场上，不管你从事的是哪一种行业，没有知识总是愚蠢和可怕的，不继续深化知识和技能更是可悲的。而一个优秀的人是不会放过任何一次学习机会的，即使自己掏腰包接受再教育也在所不惜，因为他们知道"时刻充电"其实就是自我加薪。

勤能补拙是真理

俗话说，"天道酬勤，勤能补拙""一勤天下无难事"。要成功，勤奋是关键。只有无止境的追寻，才能到达成功的理想境界，领略无限风光。即使天生愚钝的人，只要真诚地投入到事业中去，也能创造出人间奇迹。

法国雕塑艺术大师罗丹出身贫寒，他所取得的伟大成就，主要得益于他的勤奋好学。据说他每天天不亮就起床，先到一个业余画家的家里对着实物画几个小时的素描，接着又急忙赶去上学。晚上从学校回来，还要去博物馆。当时博物馆里有一个专画人体的学习班，他每次去那里都要画上两个小时。除此之外，他还要抽空到图书馆、博物馆，观摩、学习古代的雕塑作品。

正是在罗丹的勤奋努力之下，他终于成为继米开朗基罗之后最有影响力的雕塑家。

　　后来，当记者采访他成功的秘诀时，他只是淡然地说道：
"如果说真有什么秘诀的话，那就是我每天都要工作十四个小
时。"

　　业精于勤，荒于嬉。成功的含义就在于你比别人付出更多
的努力，所谓天才，首先是勤奋的人。

　　著名桥梁设计大师茅以升总结他一生科技工作的经验时，
得出的结论是，"勤奋就是成功之终。"美国著名发明家爱迪
生的体会是，"天才是百分之一的灵感，加上百分之九十九的
汗水。"爱因斯坦说道："人们把我的成功，归功于我的天
才，其实我的天才，只是刻苦罢了。"

　　所以，我们在赞赏一个人的天才和聪明时，首先应该赞赏
他的勤奋。因为，没有勤奋就没有成功，你要想取得成功，就
必须勤奋起来。你要想获得幸福，就必须付出艰苦的劳动。就
像著名画家达·芬奇说的那样："勤劳一日，可得一夜安睡，
勤劳一生，可得幸福长眠。"

　　有人把成功寄希望于灵感和智慧，这是不恰当的。因为灵
感也不喜欢拜访懒惰的人，它是在勤奋中产生的，也只能与勤
奋同步前进。世界上确实存在聪慧的诗人，出口成章的才子，
挥毫而就的画家，可是他们惊人的才能，很少是因为天赋异
禀，大多是勤学苦练、长期积累的结果。不勤奋，天才也难以
激发灵感的火花；不勤奋，再聪明的人最后也会变成庸才。而
勤奋，则可以让一个智力平常的人发掘自己无穷的潜能，创造

惊人的奇迹。

据说卓别林在拍电影时，为了给观众呈现最佳效果，经常一拍再拍改进镜头，有时在整部电影拍完后还要另换演员重拍。在影片《城市之光》里，有一个场景非常有名，讲的是一个失明的卖花女，认为流浪汉卓别林是个大亨，卖给他一朵花。

为了让观众看明白为什么那个眼睛看不见东西的女孩会以为那个始终没有开口的流浪汉是阔人，卓别林想尽了办法。为此，他共拍了342遍。

最终，观众们看到一个经典场景：那个穿过交通繁忙街道的流浪汉，看见路边停着一辆豪华汽车，车里的人正好要下车。于是他赶紧从那边车门走过去，再从这边车门走过来。女孩听见沉重的车门关闭声，知道那是一辆昂贵的汽车，于是接下顾客一枚2角5分的硬币，没有找钱。

没有人可以随随便便成功，即使天才也不例外。

捷克大教育家夸美纽斯说："勤奋可以克服一切障碍。"是的，只要勤奋努力，就能战胜一切困难。即便有人一生下来就有常人所不及的优势，往往也只在某个方面。而那些所谓资质差，难成大器的人，说的也同样指某一方面。只要不断地反复训练，勤奋努力，就能消除这方面的差距，有所作为。所以，古人才有"笨鸟先飞"之说。

勤奋是明灯，可以照亮人生的道路。勤奋是密码，能译出生命的史诗。只有勤奋，才能创造一个人事业的成功与辉煌。

责任心，就是你的信用名片

在一片森林的不远处，住着母女三人，她们相依为命，生活非常简朴。可不幸的是，作为家里唯一经济支柱的母亲有一天却突患重病，卧床不起了。家里的生活一下子变得举步维艰起来。为了生计，大女儿斯嘉丽决定出去找份工作来解决家里的生计问题。

她记得小时候，爸爸尚在人世的时候告诉过她，森林里有魔法，只要能走进森林最深处就会有好事发生。斯嘉丽决定闯进去碰碰运气。

可是，她刚进入森林，不久就迷失了方向。幸运的是，就在她饥寒交迫之时，她发现不远处有间小木屋。她慢慢靠近那房屋，正要推门进去，却又下意识地退了回来——她看到房屋里一片狼藉，到处都是灰尘，根本没有下脚的地方。在家时，斯嘉丽就是一个爱干净的姑娘，眼前的一切，让她自然而然想到了打扫，于是她进去后，赶紧整理屋内的灰尘，还把床重新铺好了。

等到全部都整理完毕，正好门开了，是十个她从来没见过的小矮人。他们一开始很生气斯嘉丽未经允许擅自闯入他们的房子，后来看到屋内被打扫得一尘不染，又不由得诧异起来。斯嘉丽告诉他们这一切都是她的杰作，同时还向他们解释了自己为什么会出现在这里的原因。

小矮人们听完斯嘉丽的故事，非常感动。他们跟斯嘉丽说，正好他们需要请一个保姆，如果斯嘉丽愿意的话，她可以留下来工作。

真是太幸运了！斯嘉丽没想到自己这么快就找到工作了，非常开心。第二天，斯嘉丽早早就起来了，把小木屋里里外外又打扫了一遍。她工作认真又勤快，家里的东西经过她的手整理后，全都摆放得整整齐齐的。就这样过了半个月，有一天，斯嘉丽偶然从窗户望出去，看到了森林里的美丽风景。

斯嘉丽这才想起，自己来这么长时间了，还没有出去玩过一次。于是，她决定出去看看。

娇艳的花朵，美妙的鸟鸣，还有可爱的小动物……哇，一切都是那么的美好，一直到太阳快要下山了，她才想起来该回去了。回到小木屋，她赶紧整理床铺，准备晚饭。但还是有一件重要的事情没有做：打扫地上的灰尘。距离小矮人们回来的时间已经很近了，她想一次不打扫，他们不会发现的。

事情如她想象的一样，小矮人们回家后，并没有发现什么不对劲的地方，一切相安无事。

过了一天，斯嘉丽又跑到森林里去玩，这次她回来得更晚，差点儿连晚饭都来不及做，更别说打扫地上的灰尘了。她想，只要保证每周打扫一次，小矮人们是不会发现问题的。

于是，四天过去了，小矮人们始终没发现异常。那天晚上吃过晚饭后，几个小矮人闲来无事，便围在一起打牌。打到一半的时候，有个小矮人不小心丢了一张牌，几个人到处找，可怎么也找不到。这时，有个小矮人说："该不会是掉到床底下去了吧？"

丢牌的小矮人便趴下去找牌，结果牌没找到，却看到满地灰尘的地板。

结果可想而知，斯嘉丽被解雇了。她丢了工作，回到了自己的家。她非常后悔，同时也明白了一个道理：凡事要有责任心，只有保质保量地完成自己的本职工作，幸运女神才会一直眷顾你，否则，就算有大好的机会来到你身边，你也会错过。要知道，你的责任心，就是你的信用名片。

古语云："一屋不扫，何以扫天下？"交代给你的小事你都做不好，别人还怎么敢交给你大任务呢？责任意识是一切成功的来源。

工作的底线就在于担当责任，当你开始对自己的工作负责的时候，生活也会发生翻天覆地的变化。即使这份工作不太尽如人意，你也要竭尽所能去转变、去热爱它，并凭借这种热爱去担负责任、激发潜力、塑造自我。

事实上，在任何一家公司，只要你勤奋工作，认真、负责地坚守自己的工作岗位，你就肯定会受到尊重，从而获得更多的自尊心和自信心。不论一开始情况有多么糟糕，只要你能恪尽职守，毫不吝惜地投入自己的精力和热情，渐渐地，你就会为自己的工作感到骄傲和自豪，也必然会赢得他人的好感和认可。

记住，你的责任心，就是你的信用名片。无论在哪儿，你在做什么，你对这件事越认真，越负责，工作效率也就越高，幸运的好事也就越来越多。

放弃你不喜欢的生活方式

有很多人明明不喜欢某些生活方式，但就是深陷其中，没办法从里面摆脱出来。从上大学开始，就不断有人劝你加入各种组织或是参加某种聚会。这时的你，刚刚从高中时代沉重的学业压力中暂时解脱出来，自然很容易被这种新鲜的社交活动所吸引，你以为在这里除了能结交到有趣的朋友，还能做一些有意义的事。可到头来却发现，大家聚在一起除了乏味地闲聊，什么也没干。久而久之，你开始对这种沉闷的聚会感到厌烦，感到沮丧，你不想再浪费时间和金钱在这上面，可是好像一下子又没办法从其中抽离。你很苦恼，想改变这一切，却又不知该从哪儿开始改变。

现在请把你所有的社交活动都罗列到一张纸上，看看到底哪些是自己必须要去或是根本没有参加的必要的活动。然后，你可以按照以下标准对自己的社交活动进行分类：

出于工作需要必须要参加的活动；

出于自己的兴趣爱好加入的活动；

不后悔参加的活动。

除了这三项，把其他不符合你期望值的活动统统取消掉吧。如此一来，你就不会再为这些无聊的社交活动浪费时间了。

当然，凡事不可一概而论，如果你本身就很喜欢参加聚会，喜欢逛街购物，喜欢在琳琅满目的商店里进进出出，喜欢花钱带给自己的快感，只要这些活动在自己的能力范围内，也无可厚非。任何人都没有权利对你指手画脚。可是，如果你根本不喜欢这种毫无意义的大吃大喝，也不喜欢出入人声鼎沸的娱乐场所，只是出于应酬交际的目的才让自己的生活变得如此混乱，那我建议你还是取消掉为好。因为这种生活不但没有给你带来轻松美妙的享受，反而变成了一种沉重的负担，你又是何苦呢？与其勉强自己加入到那些不喜欢的生活方式中，还不如找个自己喜欢的方式，彻底放松一下呢。

如果你喜欢安静，完全可以在节假日选择安逸地窝在沙发上读读书，看看电影，听听音乐；或是约一两个知心朋友来家里喝茶聊天。

人生苦短，纵使不能及时行乐，但又何苦委屈自己选择不喜欢的生活方式呢？我们真的没有必要过多地强调外界环境的影响，从本质上来说，你选择的，都是你接受的。不管你内心是不是真的认可，但当你权衡利弊之后，你接受了自己过不喜欢的生活。

或许有人会说自己是"人在江湖，身不由己"，觉得自己所有的社交都是在跟最后的成功添砖加瓦，比如说很多业务员都认为要拿下单子，就是要请客户吃吃喝喝，甚至有人认为"中国的生意一半都是在饭桌上谈成的"，这话我拿不出具体的数据来反驳你，但我想说，真正有实力的业务员靠的绝对不是饭桌上那一口口白酒。如果你不相信，可以了解一下前格力掌舵人董明珠女士的销售传奇。一个滴酒不沾的女业务员，愣是把自己的业绩搞得风生水起。所以，不要再说自己"不是不想摆脱，是摆脱不了"这种类型的话了。实际上，真正的人脉从来都不是单靠自己费尽心力去维护的。圈子不同，不必强融。与其踮着脚尖去够自己暂时还够不到的人，不如先把自己整理好、修炼好。

放弃你不喜欢的生活方式，不要再为它们所累。当你真的这么去做的时候，你会发现，一个疲惫的日子很快从你的记忆中消失，而那些宁静安详，充满温馨的日子则会悄悄留在你的心底，照亮你以后的路。

你若盛开，清风自来。

选择适合的，坚持选择的

"选择适合你的，坚持你选择的。"说起来简单，但真要做起来却不容易。很多人的成功或失败，并不是因为他们没找到做事的方法，而是因为他们选错了方向。

成功是一种选择，你选择了奋斗和坚持就是选择了成功；你选择了懒散和得过且过，也就注定了终生一事无成。

人生是一个不断选择的过程，从我们早上起来决定今天要穿哪一套衣服开始，我们就在做选择；中午跟同事相约去哪里吃饭，也是在选择；面对众多的追求者，到底要跟哪一个交往，跟谁结婚，也是选择……选择或大或小，但无一例外它需要我们下定决心拿主意。于是，每日、每月的选择，累积成了影响我们人生结果的最重要的因素。

事实上，成功就是一个个正确的选择产生的结果。同样的，错误的选择，也会导致失败的结果。所谓"一着不慎，满盘皆输"说的便是这个道理。因此，人生若想成功，必须要尽最大努力降低做出错误选择的几率。减少错误选择，即降低失败风险。这就要求你必须明确自己最想要的结果到底是什么，然后你做的所有选择都应该围绕这个终极目标服务才对。当然，明确人生的梦想，这本身又是一个选择，而且还是一个大选择，所以更应该慎重、慎重、再慎重。

有人梦想很大，明明还是个小职员，却幻想马上就能成为呼风唤雨的商业大亨；有人根本不擅长弹琴，却梦想成为世界一流的钢琴家。心怀梦想，努力前行没有错。但如果目标不切实际或是根本不适合自己，那就不是朝梦想飞奔而去，而是给自己挖了个坑，自己跳进去，然后再把自己埋了！

初开车的朋友应该都有过这种感受：当车驶上立交桥时，望着眼前纵横交错的路，经常茫然不知所措。如果选错了路，下一出口不定在什么地方，要想达到目的地，就要费更多的周折。其实人生也一样，今天我们处在什么样的位置并不重要，重要的是我们下一步将要去的地方是否正确，方向正确，远比跑得快重要。

这就要求我们一定要擦亮眼睛，选一条适合我们的路。虽然条条大路通罗马，但也通向你不想去的地方。如果你选择的根本不适合你，终其一生，也到达不了你向往的地方；反之，如果你选择了一条适合你的路，你用不着那么辛苦，也能很快抵达成功的彼岸。

许多人明明自身条件很优秀，所处的环境也很优越，但却总是东奔西跑，苦劳无功。究其原因，就是因为他们选择的道路不对。什么样的人生方向才算是正确的呢？有一条经验特别重要：从自己最熟悉的行业起步，做自己最擅长的工作。因为这是距离成功最近的地方。

游鱼只有在水中才能找到自己的乐园，飞鸟只有在天空才能自由飞翔，人只有在自己熟悉且胜任的领域才能成功。

无论是智力投资还是金钱投资，我们都应该遵循这个原则——适合自己的，就是最好的。

不要异想天开，不要人心不足蛇吞象，我们选择了不适合自己的，就要接受不成功的结果。成功应该是一旦有幸选定适合自己的，就该坚持自己选择的。

佐川清出生于日本一个富裕家庭，八岁那年，母亲因病去世了，父亲又娶了新妻子，他却跟后母关系紧张，所以中学没毕业，他就赌气离家出走，到外面自谋生路。

一开始，他在一家快递公司当脚夫。就是那种主要靠搭车和走路的脚夫，因为当时的快递公司很少有运输工具，所以对体力要求比较高，非常辛苦。就这样，佐川清一干就是二十年。二十年以后，他已经三十五岁了。他觉得自己年龄已经不小了，不能再这样下去了，他应该拥有一份自己的事业才对。可是干什么好呢？他对别的行业一窍不通，只好干自己最熟悉的快递工作。于是，他拿出平生所有积蓄，在京都创办了一家捷运公司。公司只有一位老板，也只有一位员工，就是佐川清自己。公司唯一的资产是他强壮的身体。很多人可能会说，"这不是白手起家吗？能行吗？他不是在做梦吧？"

或许佐川清也做过不靠谱的白日梦，但开捷运公司这件事，绝对是他人生中最正确的选择。因为他在这一行已经有二十年的经验，他知道怎么跟客户打交道，怎么把事情做好，怎么拉生意。但因为资金不足，他没有钱请更多的人来帮忙，所以公司业务并没有什么起色。反而因为自己做了老板，比以往更忙碌，钱好像也没有以前挣得多。但是，他始终没有放弃。哪怕最艰难的时刻，他也没有想过关门大吉。佐川清就这样咬牙坚持着，直到渡过最初的艰难时期。

后来，他承接的生意越来越多，慢慢也赚了一些钱，一个人忙不过来，开始雇佣职员，还买了两辆旧脚踏车做运输工具。

再后来，"佐川捷运公司"逐渐发展成一个拥有万辆卡车、数百家店铺、电脑中心控制、现代化流水作业的货运集团公司。佐川清垄断了日本的货运业，并将生意做到国外，年营业额逾3000亿日元，而他本人也成为日本著名的财阀之一。

在一般人看来，当脚夫是比较低贱的职业，很难想象会有什么大出息。可是，佐川清却从这里找到了通往成功的路。其实，只要你选择了适合你的路，再努力坚持下去，成功没有想象得那么难。如果你还没有成功，不是方向不对，就是你的努力还不够。

择其所爱，爱其所择。

勇往直前，坚持到底。

小爱好成就大快乐

　　生活不仅因为有严肃的内涵而变得庄重，也因为有丰富的活动而变得多姿多彩。如果生活只是吃喝玩乐，久而久之，就会觉得乏味；如果生活是一根时刻紧绷的弦，那也会让人觉得窒息。

　　生活当然离不开事业，但也应该有自己的小兴趣、小爱好。如果事业是生活的主色，那兴趣爱好无疑是不可缺少的点缀。

　　兴趣是一个人积极主动地认识、掌握某种事物，力求参与某种活动并有积极情绪色彩的心理倾向。比如一个对钢琴有兴趣的人，不由自主地就会把注意力倾向于弹琴，在言谈中也会流露出心向神往的情绪。

　　兴趣的产生与人的内心需求有关。人的内心需求是多种多样的，一种需求得到满足之后还会产生其他的需求，而一个人的兴趣也会随着需求的改变而改变。

爱好是跟随兴趣而动的，具有明确的参与倾向。比如一个人喜欢踢足球，那他就会经常主动参与这项体育运动，在进行这项运动时，他整个人都会精神振奋、情绪愉快并感到有乐趣，所以整个表现是既积极又欢快的。

爱好是在兴趣的基础上产生的。如果一个人对某项活动产生了兴趣，自然就会有想参加这项活动的欲望，继而真正投入进来。在参与过程中，如果他觉得有趣，就会对这项活动产生更深一层的爱好。也就是说，整个过程是兴趣、动机（行为）、兴趣、爱好层层递进的。

生活中，一个人有没有兴趣爱好是完全不同的。有自己兴趣爱好的人，非常容易感受到生命的可贵，精神的愉悦能让人感受到更多生活的乐趣。反之，生活只剩下工作的话，难免觉得索然无味。

早在古代，人们就有兴趣爱好，如古埃及人以玩木球游戏为爱好，而一些古希腊人和古罗马人则以收集袖珍型士兵的雕像为爱好。据史料记载，早在战国时期中国民间就流行娱乐性的蹴鞠游戏，而从汉代开始又成为兵家练兵之法，宋代则又出现了蹴鞠组织与蹴鞠艺人，清代开始流行冰上蹴鞠。因此可以说，蹴鞠是中国古代流传久远、影响较大的一朵体育奇葩。如今，随着科学技术的发展，人们的兴趣爱好也呈现多样化趋势。只要是人们喜欢做的事情，都可以成为一种爱好，不论是收集邮票、编织图案，还是骑行射箭、种花养草。

　　兴趣是一个人充满活力的表现，也是一段时间内专注于某一项或某几项活动项目的表现；爱好是兴趣持久发展的动力，是成事立业的基石。

　　生活中有诸多兴趣爱好，好处是多方面的。

　　（1）兴趣爱好，可以让你感受到生活的"七色"，增加生活的乐趣。生活犹如大海，有时波涛汹涌，有时风平浪静，有时阳光明媚，有时阴云密布，所以，在生命的旅途中，有一些自己的小兴趣、小爱好，可以起到放松自己、调剂精神的作用。

　　（2）兴趣爱好，可以陶冶情操、提高文化素养，有助于精神和心理的健康。只要是积极健康的兴趣爱好，就能使人在潜移默化中接受文化、技能的熏陶，培养良好的个性。如果你爱好编织，那极具匠心和耐心的一针一线就让性格急躁的人变得沉静起来。

　　（3）兴趣爱好，有助于事业的成功。有许多杰出的伟人，他们对这个世界的巨大贡献就是从兴趣开始的。比如达尔文把甲虫放进嘴里，魏格纳一生中四次去格陵兰探险，达·芬奇不顾教会的反对连续解剖许多尸体……一切都源于浓厚的兴趣。爱因斯坦四五岁时，就对指北针产生了兴趣，他总是不停地摆弄它，心想那小针为什么总是指向同一个方向。他还不厌其烦地一遍遍搭着积木，直到把那又高又尖的"钟楼"搭好为止。正是这种浓烈的兴趣和伴之而来的思索、追求，才使他成为近代伟大的物理学家。

著名学者郭沫若曾经说过："兴趣爱好也有助于天才的形成。爱好出勤奋，勤奋出天才。兴趣能使我们的注意力高度集中，从而使得人们能完善地完成自己的工作。"

伟大的物理学家牛顿，正是从一只苹果落地，发现万有引力定律的。日本著名企业家士光敏夫，在他的《经营管理之道》一书中写道：能否成为一个有作为的企业家，关键之一在于你是怎样度过业余时间的。

在美国长岛，有一位叫莱博曼的百岁老人，他头发花白，但精神矍铄，看上去不过80岁。老人说，他根本没想到自己能活这么久，因为他在80岁的时候，身体状况非常差，感觉像是不行了，就以为自己到了该寿终正寝的时候，可一次偶然的机会，他与绘画结缘，自此迎来了人生的第二春。

说起莱博曼与绘画的缘分，还要从他加入一家老年俱乐部开始。那时，莱博曼已经退休多年，他经常到城里的俱乐部去下棋，以此来消磨时间。一天，女工作人员告诉他，以往那位棋友因身体不适，不能陪他下棋了。莱博曼顿时觉得索然无味。看到老人失望的神情，热情的女工作人员建议他到绘画室转一转，说不定会有意外收获。

于是，莱博曼就去了。来到画室以后，女工作人员极力游说他也画一画。

"什么？让我作画？要知道，我从来没摸过画笔。"老人连连摆手，他可不想丢人现眼。

"不要紧，试试看嘛，说不定你会觉得有意思呢？"

在女工作人员的鼓励下，莱博曼平生第一次拿起画笔。果不其然，他很快就沉入其中，周围人都纷纷称赞他是个天才画家。

81岁的莱博曼开始学习绘画知识，为此他还报了绘画课程。他觉得自己重新找到了生活的乐趣，精神也一天比一天更好了。

1997年，洛杉矶一家颇有名望的艺术陈列馆为莱博曼举办了一次画展。此时的莱博曼已过百岁，他西装革履，站得笔直地立在入口处，微笑着迎接前来参加开幕仪式的众多来宾，这其中包括很多有名的收藏家、评论家和新闻记者。大家纷纷称赞他的作品活泼、真实，富有生命力。

展览结束后，莱博曼在接受采访时说："我已经101岁了，我的经历足以向那些自以为上了年纪人生就再也没有任何可能的人证明，不要总想着还能活到哪年，而要想着还能做点什么，着手做点自己喜欢的事，这才是真正的生活。"

由此可见，兴趣能引人踏入某一专门知识的深广领域，可以把人引向伟大事业的辉煌巅峰。

拿得起，放得下

人们常说做人要"拿得起，放得下"。这话说起来容易，做起来难。我们一生中会拥有很多东西，当然也会失去很多东西。所谓"拿得起"，是遇事有担当，做事有分寸，不卑不亢，有礼有节；而"放得下"，是说心思要豁达，即使遇到"千斤重担压心头"也要努力把它卸掉，使之轻松自如。失去了就失去了，不要眷恋，要舍得放下。

放下钱财，放下情感纠葛。就像李白在《将进酒》中写的那样："天生我材必有用，千金散尽还复来。"如能放下对钱财的执念，也可以称之为"潇洒"。另一个是"情"字。人世间最说不清道不明的就是"情"。凡是陷入感情纠葛的人，往往会失去理智，剪不断，理还乱。若能在感情方面放得下，可称为理智的"放"。

情感的伤痛只有运用智慧去医治，而医治这种创痛的对症之药就是先建立自尊和自信，然后用最大的努力把困扰自己情感的记忆从心里连根拔起。有句同样很有哲理的话，我们也应该记住："不是不能忘，是你不想忘。"这句话对那些明知往事不堪回首还偏偏要去回首的人来说，可谓当头棒喝。如果你时时放任自己去追念那已经失去了的，徒劳无功的惋惜、痛楚，那就只能承认自己是咎由自取。伤口之所以始终难以愈合，是因为你频频揭开它。

如果你坚强起来，愿意拿出勇气来面对现实，你就会发现有些事只是我们自己过分夸大了它的重要性，或者是我们过分放大了对方的优点。面对失意，我们往往固执地不肯离开。我们时常以为自己费了很多力气，走上了一条不通的路，因而觉得自己已经没有力气再去走另一条路了。

其实只要稍微动一下脑筋，稍微后退一步，你就发现，外面的世界很广阔，这世界不会因为任何人一点小小的不幸而停止运转。而且，你还会发现，除了这条倒霉的死路，还有很多光明平坦的大路。

放下名利。据专家介绍，高智商、思维型的人，患心理障碍的比率相对较高。其主要原因在于他们一般都喜欢争强好胜，对名利看得较重，有的甚至爱"名"如命，为了追求名利累得死去活来。如果能对"名"放得下，才称得上是真的超脱的"放"。

放下烦恼忧愁。现实生活中令人忧愁的事实在太多，就像宋朝女词人李清照说的："才下眉头，却上心头。"忧愁可以说是妨害健康的"常见病，多发病"。狄更斯说："苦苦地去做根本就办不到的事情，会带来混乱和苦恼。"泰戈尔说："世界上的事情最好是一笑了之，不必用眼泪去冲洗。"如果能放得下忧愁，那也是幸福的一种"放"，因为没有忧愁也是一种幸福。

　　古人云："宠辱不惊，看庭前花开花落；去留无意，望天上云卷云舒。"其实，人生也不过如此，说来说去，自己对自己生活状态的满意程度关键来自于自己的生活态度。人要活得开心快乐，就要听由自己的感觉，做自己想做的事。"拿得起，放得下"是每个人都需要的一种生活态度。

量力而行，尽力而为

　　一个渔夫正躺在船里打盹儿，一位穿着时髦的游客在拍照时不小心把他吵醒了。游客说："今天天气这么好，您一定打了很多的鱼。"没想到，渔夫却摇了摇头。

　　"您觉得不舒服？"游客接着问道。

　　"不，我的身体棒极了。"渔夫说完，还舒展了一下四肢。

　　游客显出困惑的表情："那您怎么不去打鱼？"

　　渔夫回答道："按照今天的出海计划，我已经打过了。我捕到四只龙虾，还有二十几条青花鱼，甚至连明、后两天的鱼都打够了。"

　　游客一听，顿时激动起来："可如果你每天多出海几次就能打到更多的鱼，然后你就可以拿来卖钱买摩托车，过两年就可以再买一艘船，说不定三四年以后就可以买渔轮了呢。只要你努力打鱼，有朝一日还可以建一座冷库，盖一座熏鱼厂……你还可以坐着直升机飞来飞去找鱼群，用无线电指挥你的渔轮作业。你可以取得捕大马哈鱼的权力，开一家活鱼饭店，无需通过中间商就直接把龙虾运往巴黎，然后……"游客越说越激动，好像那些渔轮、饭店就在眼前似的。

渔夫拍了拍他的背，好像在拍一个呛着的孩子："然后呢？"

"然后您就可以逍遥自在地坐在这里的港口，在太阳下打盹儿，还可以眺望大海。"

"可我现在不是正在做这些吗？"渔夫说，"我正悠然自得地坐在港口打盹儿，如果不是你的照相机的喀嚓声把我打扰了，我还可以多享受一会儿。"

生活的方式多种多样，每个人的心态也各有不同，但就幸福而言，最简单的也正是最真实的。很多时候，当我们忙忙碌碌之后才发现，自己历经千辛万苦所追求的幸福竟是最平常的感受。不必苛责自己，量力而行，尽力而为。

就像故事中的渔夫一样，知道自己能做多少事，就尽力做多少事。不去妄想自己能力之外的事，也不敷衍自己应做的事。

很多时候，我们内心极易被外物所遮蔽、掩饰，从而听不到或不愿承认自己最真实的想法，所以才在人生中留下诸多遗憾。在学业上，我们不倾听内心的声音，盲目选择别人为我们选定的他们认为最有潜力和前景的专业；在事业上，我们不专注自己擅长的领域，而是随波逐流地选择热门的行业与职业；在爱情上，我们因经济、地位、相貌等非爱情因素而选择了错误的恋爱对象……我们惯于为自己做各种周密而细致的打算，权衡着各种可能发生的利益和得失，但是，我们唯一忽视的，便是自己到底适不适合，行不行。

现代人迫于各种压力，每天都形色匆匆地奔走于人潮汹涌的街头，这也是我们不怎么关注内心的一个理由。我们很难找到一个可以让自己冷静驻足的理由的机会，现代社会在追求效率和速度的同时，使我们作为一个人的优雅正逐渐丧失。那种恬淡美好的岁月在现代人眼里，已经成为最大的奢侈和批判对象。内心的声音，便在这种种繁忙和喧嚣中逐渐被淹没。物质的欲望慢慢吞噬着人的灵性与光彩，我们留给内心的空间越来越小，甚至已经小到看不清自己适合什么，在意什么，珍重什么。

世界上赫赫有名的钢铁大王安德鲁·卡耐基，他一生换的职业很多，可那是因为他力争上游，想做本行业的第一，所以才总是选择。在他12岁时，他就成了一家纺织厂的工人。虽然年纪小，但他立志要做全厂最出色的工人。他是这样想的，也是这样做的，最后，他果然成了全厂最出色的工人。后来，他又去做了邮递员，他想的是怎样做全美最杰出的邮递员，他又成功了。安德鲁·卡耐基能收获那么多大鲜花和掌声，是与他不断依据环境和自身的地位，量力而行，尽力而为有关的。他的座右铭就是"做最好的自己"。

人，不能改变人生的长度，但能拓宽人生的宽度。如果给你的是木材，你就永远也制不出金雕工艺品，但你可以把它雕琢成八面玲珑的木雕艺术。当然，你还应该了解自己，清楚自己的实力，知道如何在所处的环境中向目标迈进一步。在这样量力而行，给自己一个清醒的定位之后，再做到尽力而为。

做到量力而行，尽力而为之后，虽然不能保证一定会实现你的理想，但可以保证的是，不这样做，你一定不能实现你的理想。

战国时期著名将领赵括，谈起兵法来，那是眼空四海，目中无人，行军打仗在他眼里不过小事一桩，殊不知他也只是一个只会纸上谈兵的庸才。长平之战，秦军将领白起利用赵括实战经验不足，只会照搬照抄兵法的弱点，采取了诱敌入伏、分割包围的方法将赵军引入绝境。就这样，四十万赵军，在主帅赵括手里全部覆没了。

由此可见，只有量力而行，尽力而为，争取做到最好，才能更好地实现自我，发展自我；也只有做到最好，才会有机会领略"一览众山小"的心境。所以，工人就要先做好工，农民就要先种好地，军人就要先当好兵，做生意的，就要先当一个最好的商人。正如道格拉·拉赫在他的书中写的："如果你不能是一只麝香鹿，那就当条小鲈鱼——但是要当湖里最活泼的小鲈鱼。"

量力而行，尽力而为，让我们做一个自己满意的自己吧！